AF359300

LA

FABRICATION DE L'ALCOOL

LA RECTIFICATION

LA
FABRICATION DE L'ALCOOL

LA RECTIFICATION

PAR

J.-Paul ROUX

RÉDACTEUR EN CHEF DU JOURNAL
LA REVUE UNIVERSELLE DE LA BRASSERIE ET DE LA DISTILLERIE
MEMBRE DU JURY DE L'EXPOSITION INTERNATIONALE DE 1881
MEMBRE DES CONGRÈS INTERNATIONAUX POUR L'ÉTUDE DE L'ALCOOLISME, ETC., ETC.

Prix : 3 francs

PARIS

G. MASSON, ÉDITEUR

LIBRAIRE DE L'ACADÉMIE DE MÉDECINE

120, BOULEVARD SAINT-GERMAIN, 120.

1888

PRÉFACE

Nous nous sommes efforcé, dans le petit travail que l'on va lire, de mettre en relief les difficultés de la rectification des alcools, et les qualités que doivent réunir les appareils employés pour ce travail.

Nous l'avons fait aussi sobrement que possible, en indiquant seulement la théorie et les principes sur lesquels repose la rectification des alcools, et dont on doit bien se pénétrer pour apprécier le travail et les mérites respectifs des appareils rectificateurs.

Faire un étalage plus grand de science eût été facile, mais c'était rendre l'ouvrage moins agréable et plus long à lire : deux défauts que beaucoup de nos lecteurs, qui connaissent le prix du temps, nous auraient difficilement pardonnés. Avec nos indications les personnes qui désirent pousser plus loin l'étude de l'intéressante question de la rectification des alcools, sauront maintenant dans quelle direction elles doivent porter leurs recherches, et celles qui veulent simplement faire un choix de matériel seront suffisamment instruites des conditions que doivent remplir les appareils à rectifier.

Nous nous sommes appliqué à bien faire ressortir les qualités physiques et chimiques de l'alcool, afin de détruire définitivement les vieux préjugés nés de l'imperfection des anciens systèmes de distillation et qui attribuent à la seule provenance de l'alcool ses qualités et ses défauts.

L'alcool est plus ou moins bon, non pas parce qu'il provient de la betterave, de la mélasse, des grains, du vin, de la pomme de terre, mais seulement s'il est plus ou moins bien rectifié.

Les médecins, les hygiénistes, qui lancent leurs foudres contre les alcools de grains, de betteraves et de pommes de terre, se trompent d'adresse ; c'est contre les mauvais matériels de distillerie, contre les appareils imparfaits de rectification qu'ils devraient tonner, et au lieu de demander la proscription des alcools d'industrie, c'est la mise hors d'emploi de tout appareil produisant de mauvais alcool qu'ils doivent exiger.

Ainsi comprise la question de l'acool, qui est une des plus grosses questions économiques, sociales et industrielles de notre temps, est d'une clarté parfaite.

Qu'on ne s'étonne pas de la haute importance que nous donnons à l'alcool, car si on veut observer un instant, on trouve l'alcool jouant un rôle considérable et de plus en plus grand dans la société moderne.

Au point de vue économique, il est la base du budget des États ; en Europe seulement, l'impôt sur l'alcool produit plus de deux milliards.

Au point de vue industriel, les applications de l'alcool depuis les plus grossières jusqu'aux plus délicates, sont innombrables. L'extrême finesse des parfums et la suprême délicatesse des liqueurs ne peuvent être obtenues qu'au moyen d'alcool absolument rectifié.

Au point de vue social, on connaît le rôle que lui font jouer les moralistes et les hygiénistes ; c'est sur lui que l'on veut faire retomber toutes les maladies morales et tous les désordres sociaux. On ne voit que l'abus et on ne tient pas compte des services.

La production d'un alcool pur, toujours le même, inoffensif, quelle que soit sa provenance, est la solution de ce problème aux mille facettes, qui se pose d'une manière impérieuse aux peuples civilisés. La consommation de l'alcool augmente de plus en plus, les statistiques en font foi. C'est une conséquence de l'énorme travail musculaire demandé à l'organisme humain, et des jouissances diverses des civilisations avancées.

Les savants qui ont étudié, sans parti pris, l'alcool, ont toujours indiqué l'impureté comme le seul danger de son emploi, et en regrettant que la production d'un alcool pur ne soit pas entrée dans la pratique industrielle. La suppression de la consommation de l'alcool est une utopie, les buveurs d'eau ou de thé sont une exception ; la vraie solution du problème de l'alcoolisme se trouve uniquement dans la fabrication d'alcool dont les principes toxiques ont été complètement éliminés.

Ce sera la gloire de la maison Savalle d'avoir donné la sanction industrielle aux principes posés par la science pure. La production des alcools au moyen des appareils que nous allons décrire, est la solution d'un problème incessamment poursuivi.

Nous sommes heureux de revendiquer cette gloire pour notre pays.

CHAPITRE PREMIER

RECTIFICATION DES ALCOOLS

§ Ier. — Ce qu'est l'alcool.

L'alcool est un composé de carbone, d'hydrogène et d'oxygène, sa formule chimique est $C^2 H^6 O$. Quelle que soit sa provenance, l'alcool est toujours identique; sa qualité est toujours la même, lorsqu'une parfaite rectification l'a isolé des corps étrangers.

La rectification est une opération qui a pour but de séparer l'alcool de tous les corps qui lui sont intimement unis par les lois de l'affinité chimique, ou associés à titre de simple mélange, et de porter ainsi à leur maximum de puissance les merveilleuses propriétés qui font de l'alcool à l'état pur le produit le plus précieux de l'industrie moderne.

Les qualités bonnes ou mauvaises des alcools sont dues uniquement aux matières étrangères qu'ils tiennent en dissolution, selon que le travail de la rectification a été plus ou moins parfait.

C'est un fait acquis dans le domaine de la science, et les expériences poursuivies par des physiologistes éminents français et étrangers l'ont surabondamment prouvé.

Ce n'est donc pas, à proprement parler, l'alcool qui est la cause des désordres physiques et moraux dont on l'accuse généralement, mais bien plutôt les produits toxiques qu'il tient en dissolution, et qu'un travail imparfait de rectification n'a pas éliminés. Ces produits toxiques sont connus, ils ont été étudiés avec soin, et leur élimination absolue est un problème industriel qui a été résolu avec succès par l'emploi d'appareils perfectionnés.

Dans les divers Congrès internationaux tenus en France et à l'étranger pour l'étude des questions relatives à l'alcoolisme, tous les spécialistes, les savants, les médecins, les physiologistes se sont trouvés d'accord pour attribuer à l'impureté des alcools les maux qui découlent de sa consommation abusive.

M. D. Kletzinsky, une grande autorité en matière de chimie et de pathologie, qui a particulièrement étudié « *la question des alcools du commerce* », dans une *Note* adressée au Congrès international de l'alcoolisme de 1878, à Paris, assure que, d'après des expériences, l'usage de l'alcool pendant dix ans, même à assez forte dose, mais exempt d'huiles essentielles, nuit moins à la santé physique et morale que l'alcool même plus faible, mais impur et riche en huiles essentielles, pendant une année seulement. C'est donc une vérité incontestable que l'élimination radicale des huiles essentielles (spécialement de l'alcool amylique), de l'eau-de-vie destinée à la consommation, serait une action méritoire et un bienfait hygiénique pour le peuple (¹).

De son côté, M. le Dʳ Rabuteau, dans un long travail sur l'alcoolisme, considère que cette maladie si redoutable et nouvelle de notre siècle, est le résultat de la consommation, même en quantité relativement peu considérable, des alcools industriels impurs, contenant des substances toxiques (²).

Ainsi donc pour bien comprendre les questions que pose sans cesse l'augmentation toujours croissante de la consommation et de l'emploi de l'alcool, pour apprécier judicieusement les diverses solutions qui sont proposées, lorsqu'on discute l'opportunité du vinage, les dangers de l'alcoolisme, la surélévation de l'impôt sur les spiritueux, il faut bien se pénétrer du rôle que joue effectivement l'alcool et non celui que des esprits ignorants ou superficiels lui attribuent.

---

(1) Compte rendu sténographique, publié par le Ministère de l'agriculture et du commerce. Page 251.

(2) Compte rendu sténographique, publié par le Ministère de l'agriculture et du commerce. Page 228.

Or, il est aujourd'hui parfaitement démontré que, dans l'ordre hygiénique, les maux qui accompagnent l'abus de l'alcool sont dus uniquement, comme nous venons de le dire, aux produits toxiques associés à l'alcool mal rectifié; et pour les applications industrielles, la plus-value que l'on accorde aux alcools fins est due non pas à leur provenance, mais bien à leur parfaite neutralité, à leur extrême pouvoir dissolvant, à leur grande affinité, qui ne sont tempérés ou diminués par la présence d'aucun corps étranger.

Nous insistons beaucoup sur ce point, car c'est là qu'est la source de tous les malentendus sur le rôle de l'alcool, et aussi parce qu'il fait envisager la question industrielle avec plus de vérité et une plus grande largeur de vues.

Les fabricants d'alcool, quelles que soient les matières premières qu'ils mettent en œuvre : grains, mélasses, betteraves, pommes de terre; quel que soit le procédé de saccharification : malt ou acide; enfin que les flegmes soient produits par des moûts clairs ou épais, peuvent prétendre à la production d'alcools extra-fins par une rectification parfaite au moyen d'appareils irréprochables.

§ II. — **Difficultés de la rectification.**

La rectification, c'est-à-dire l'élimination de tous les produits étrangers qui altèrent la pureté des alcools, est une des opérations les plus délicates et des plus compliquées que nous connaissions, malgré le caractère de simplicité qu'elle revêt au premier abord.

En outre du problème technique à résoudre et qui consiste à obtenir une grande perfection du produit en même temps que le maximum de rendement, il y a le côté commercial qui exige que cette perfection et ce rendement soient obtenus au meilleur marché possible, avec la moindre dépense de vapeur et d'eau.

Un bon appareil à rectifier doit donc satisfaire à toutes ces exigences, pour assurer le succès d'une usine.

Il n'est pas inutile, pour exposer clairement les difficultés à surmonter, d'énumérer les produits qui passent à la distillation des alcools. D'après M. Isidore Pierre, dans les mauvais goûts de tête, on trouve les aldéhydes, C^2H^4O dont le degré d'ébullition est $21°8$, et l'acétate d'éthyle (éther acétique ordinaire) (C^2H^5) $(C^2H^3O^2)$ bouillant à $72°7$ et des gaz en proportion assez considérable.

Ensuite passe l'alcool bon goût dont le point d'ébullition est $78°$.

Puis viennent les mauvais goûts de queue renfermant les alcools propylique, butylique, amylique, les valérianates d'éthyle et de butyle, les acétates d'amyle et de butyle, les butyrates d'éthyle et d'amyle, enfin d'autres produits innommés et toxiques dont le degré d'ébullition varie de $97°$ à $136°$.

On voit, par le rapprochement des points d'ébullition, combien est délicate la séparation de l'alcool bon goût, avec quelle précision doivent être construits, quelle marche régulière doivent avoir des appareils produisant du premier jet des alcools fins à $96°$.

La conception de ces appareils est basée sur les principes les plus rigoureux des sciences physiques, chimiques et mécaniques: conductibilité des corps, calorique spécifique, calorique latent, dilatation, refroidissement, tension, élasticité et densité des gaz et des vapeurs, formation des éthers et des carbures aux dépens de l'alcool à l'intérieur de l'appareil, entraînement vésiculaire des huiles lourdes, vitesse d'écoulement des gaz, des vapeurs et des liquides, proportions mathématiques entre les diverses parties de l'appareil, sont autant de phénomènes qui ont dû être étudiés avec soin pour établir le fonctionnement rationnel des rectificateurs.

Enfin, il faut tenir compte des phénomènes que la science n'explique pas encore d'une manière très claire, mais dont la pratique a révélé toute l'importance, car il ne faut pas oublier qu'un appareil à rectifier est une sorte de cornue à l'intérieur de laquelle les corps en présence peuvent se combiner à l'infini.

C'est justement dans la conception de l'appareil qui porte son nom que s'est révélé le génie créateur de M. Savalle, le fondateur de la maison de construction dont la renommée est universelle et dont les appareils ont peu à peu détrôné tous les autres systèmes de rectification.

Comme J. Watt pour sa machine à vapeur, A. Savalle a créé son appareil parfaitement équilibré.

Et puisque nous faisons un peu d'histoire, nous ajouterons que c'est parfois au péril de sa vie, au risque d'explosions dangereuses que M. Savalle est parvenu à établir et à vérifier pratiquement les principes sur lesquels repose son système, lorsque la science pure était impuissante à lui fournir la solution qu'il cherchait.

Comme l'inventeur anglais, M. Savalle a eu un continuateur qui a toujours tenu au niveau du progrès des découvertes modernes les appareils qui portent son nom, par des perfectionnements incessants.

Le choix d'un appareil rectificateur a une importance décisive dans la fabrication des alcools, car c'est cet organe qui donne l'estampille aux produits d'une distillerie, qui corrige tous les défauts des périodes antérieures de la fabrication; infériorité des matières premières, défectuosités des macérations, fermentations vicieuses, tout cela disparaît dans un bon appareil qui ne laisse couler que des alcools irréprochables.

C'est là le mérite des appareils Savalle, et ce qui les fait adopter dans tous les pays du monde, quelles que soient les matières premières travaillées, de produire partout et toujours des alcools extra-fins, avec une grande économie des frais de rectification.

La maison Savalle est si intimement liée aux progrès de la fabrication des alcools, le nom de cette maison est tellement le synonyme du dernier mot du progrès en distillerie, qu'en passant en revue toutes ses créations anciennes et récentes, nous aurons mis le lecteur au courant de tout ce qui s'est fait jusqu'à ce jour de plus perfectionné.

M. Savalle père et son digne continuateur, M. Désiré Savalle fils, qu'une haute distinction, la croix de la Légion d'honneur, a récompensé en 1878 d'un travail persévérant qui est une des gloires de l'industrie française, ne se sont pas bornés seulement à perfectionner l'organe principal de la fabrication des alcools, mais ont aussi créé une série d'appareils secondaires qui complètent leurs grandes créations et les contrôlent.

§ III. — **Production alcoolique française.**

Toutes les fois que nous avons eu l'occasion de parler du développement de la distillerie industrielle en France, nous avons toujours insisté sur la nécessité de fabriquer des produits de premier ordre; cette fabrication étant le moyen le plus puissant pour lutter contre la concurrence étrangère et aussi pour satisfaire plus complètement les besoins et les goûts de la clientèle. La preuve de cette nécessité supérieure, on la trouve dans la *prime* qu'obtiennent très facilement sur le marché les alcools de premier ordre.

Nous citerons quelques chiffres du mouvement des alcools, qui sont la démonstration palpable de notre thèse en même temps que l'explication mathématique de la prime accordée aux alcools irréprochables, et la preuve évidente que les progrès en distillerie sont tels qu'il faut pour ainsi dire être constamment à l'affût des moindres perfectionnements qui se produisent.

En 1872, la production totale des alcools était de 1,892,184 hectolitres, la distillation des vins produisant 581,374 hectolitres, celle des grains 79,432 hectolitres, les mélasses 619,246 hectolitres, les betteraves 284,693 hectolitres, et les substances diverses 54,439 hectolitres.

En 1881, le total de la production est resté à peu près le même; c'est dire tout d'abord que la distillerie française n'a pas profité de l'accroissement de production, ce sont les étrangers qui en ont eu tous les avantages; l'importation de 47,226 hectolitres, en 1872, s'élève à 252,220 hectolitres en 1881.

Dans la production totale, la distillation des vins en 1881 tombe à 61,839 hectolitres, soit une différence de 789,535 hectolitres d'alcool de premier choix unique dans le monde. La distillation des grains s'élève à 506,273 hectolitres; le chiffre de la distillation des mélasses ne varie pas, mais celui de la betterave monte à 563,240.

Il résulte de ces faits, d'une part, que la grosse masse d'alcool de vin constituant la supériorité universelle des alcools français a presque complètement disparu, d'autre part, que la distillerie industrielle, malgré ses efforts, ne satisfait pas complètement les consommateurs, puisque l'importation augmente; enfin, la plus-value énorme dont jouissaient autrefois les alcools de vin s'est reportée, bien que dans une moindre mesure, il est vrai, sur les alcools d'industrie bien fabriqués.

C'est donc une excellente opération pour le fabricant que de perfectionner constamment son outillage pour produire des alcools de premier choix qu'il vend à un prix plus élevé et qui assurent une bonne renommée à sa marque. C'est bien ce que tout le monde comprend, mais trop souvent la plus-value que l'on obtient par certains procédés de rectification est dépassée par les dépenses extraordinaires faites pour l'obtenir.

Le nouveau système de rectification méthodique des alcools dont nous allons parler offre précisément cet avantage de produire des alcools de qualité supérieure sans augmentation de la dépense de combustible.

Avec ce nouveau système, les distillateurs sont en mesure de produire, à la parité des meilleures marques, des alcools parfaitement épurés.

CHAPITRE DEUXIÈME

NOUVEAU SYSTÈME DE RECTIFICATION MÉTHODIQUE DES ALCOOLS

---

§ 1. — **La pureté des alcools. — L'idéal à atteindre. — Difficultés du problème. — La préparation des moûts. — L'alcool de vin et l'alcool de bière. — L'alcool industriel. — Qui donne le cachet à l'alcool ? — La question du prix de revient. — Les perfectionnements de M. Désiré Savalle. — Son nouvel appareil breveté. — Méthode pour mesurer la dépense de combustible. — La colonne ronde et le nouveau système. — Nouveau procédé de chauffage des rectificateurs. — Installations nouvelles.**

Pour les raisons exposées dans le chapitre précédent, la parfaite rectification des alcools, leur pureté irréprochable et les moyens pour l'obtenir sont de plus en plus à l'ordre du jour dans le monde de la distillerie; la consommation devient plus difficile à satisfaire, et encourage les distillateurs à perfectionner leur produit, en consentant à payer plus cher l'alcool bien rectifié. Elle ne veut plus aujourd'hui que des alcools de premier choix, complètement débarrassés d'huiles essentielles et d'éthers, ceux enfin qui restent blancs à l'épreuve du diaphanomètre Savalle.

La disparition presque complète de l'esprit et de l'eau-de-vie de vin oblige l'industrie et le commerce à employer l'alcool industriel; la différence de prix entre l'alcool de vin et l'alcool industriel est si forte que l'acheteur paye très facilement quelques francs de plus lorsque l'alcool, par sa pureté et son bon goût, se rapproche le plus possible de l'alcool chimiquement pur : pour atteindre cet idéal, l'alcool absolu, ingénieurs et savants rivalisent de zèle et d'efforts.

Le problème est compliqué. Des phénomènes chimiques et physiques, encore inexpliqués pour la plupart, jouent un très grand rôle dans la fabrication de l'alcool.

La méthode la plus expéditive pour obtenir des alcools purs serait de fabriquer des moûts ne contenant que de l'alcool en dissolution; car, ainsi que nous l'avons expliqué et démontré au Congrès international de l'alcoolisme à Bruxelles, la préparation des moûts est d'une grande importance pour la qualité et la pureté de l'alcool; c'est pendant la macération et la fermentation que se développent toutes ces huiles essentielles que la rectification doit éliminer.

Une preuve frappante de ce que nous avançons nous est donnée par la brasserie, cette industrie sœur de la distillerie.

On sait avec quel soin le brasseur prépare ses moûts et dirige la fermentation : choix des grains, choix des levures, choix de l'eau, diverses températures observées, etc., etc.; depuis le commencement jusqu'à la fin du travail, un brasseur est pour ainsi dire aux petits soins pour fabriquer la bière, qui est un liquide alcoolique.

Eh bien ! cette bière distillée donne de l'alcool presque pur.

D'où il faut conclure qu'on devrait distiller la bière comme on distille le vin !

Mais comme en pratique une telle méthode est impossible, le prix de revient de l'alcool serait trop élevé, on distille des moûts relativement épais; or les moûts plus ou moins épais produisent des huiles essentielles, et le distillateur doit se servir des appareils rectificateurs les plus perfectionnés pour séparer les huiles essentielles de l'alcool.

Plus la préparation des moûts est défectueuse, plus la rectification doit être soignée.

Nous avons tenu à appeler l'attention des distillateurs sur l'importance de la préparation des moûts, car cette période du travail nous paraît assez négligée par beaucoup d'entre eux.

La dernière phase de la fabrication, la rectification, étant destinée, le mot le dit, à *rectifier* toutes les fautes et toutes les erreurs commises pendant le cours du travail, on ne saurait assez attacher d'importance au choix de l'appareil d'où dépend tout le succès de l'usine, car c'est par lui que l'alcool aura la qualité et le cachet qui le feront rechercher par les acheteurs.

A tout procédé industriel se trouve liée la question du *prix de revient*, car cette question embrasse tout : prix d'installation, complication des appareils, difficulté de conduite, etc.

Or le prix de revient de la rectification des alcools a été considérablement réduit par les perfectionnements incessants que MM. D. Savalle fils et Cⁱᵉ ont apportés à leurs appareils.

En effet, M. Savalle n'est pas de ces inventeurs qui se reposent sur leurs lauriers, et qui se laissent dépasser en contemplant leur œuvre, sans songer que l'industrie, cinglée par la concurrence, marche toujours en avant. Cet éminent ingénieur, avec sa science approfondie de la distillation, a construit un nouvel appareil qui est, à ce jour, le dernier mot du progrès.

L'appareil précédent était parfait comme fonctionnement, car cet habile inventeur possède l'art de régler le travail de ses appareils, et en rectification surtout, on sait que la régularité est l'une des conditions essentielles du succès du travail ; mais les nouveaux perfectionnements dont nous avons à parler sont d'une grande importance.

Le rectificateur Savalle à colonne ronde, celui qui fonctionne dans l'industrie à plus de 300 exemplaires, fournit un alcool des plus fins que certaines usines, comme par exemple celle de Maisons-Alfort, près Paris, parviennent à écouler avec une prime de vingt francs par hectolitre en plus du cours de la Bourse ; mais pour produire ces qualités hors ligne, la dépense de combustible et la perte d'alcool à la rectification étaient très grandes, ce qui réduisait de beaucoup le bénéfice de la prime.

Par le nouveau rectificateur dont nous allons parler, cette qualité d'alcool s'obtient dans des conditions bien meilleures.

M. Savalle indique un nouveau mode, bien simple et bien sûr, de se rendre compte de la dépense de combustible des appareils, qui consiste à mesurer l'eau provenant de la vapeur de chauffe condensée dans les serpentins de ces appareils, et d'en établir la proportion par hectolitre d'alcool produit.

Cette méthode de constater la dépense de chauffage est d'une exactitude incontestable : elle écarte les erreurs pouvant résulter des différents systèmes de générateurs et de la différence de qualité du combustible. Nous engageons donc tous les distillateurs à l'employer; ils sauront ainsi ce que leur appareil leur dévore de vapeur.

Par ce mode de contrôle, appliqué au rectificateur Savalle à colonne ronde, on a trouvé, dans plusieurs usines, que pour chaque hectolitre d'alcool venant à l'éprouvette, l'appareil dépensait environ 275 kilogrammes de vapeur; on dépense en outre environ 80 kilogrammes de vapeur pour élever l'eau nécessaire à la condensation et à la réfrigération. Si l'on admet que pour obtenir de l'alcool blanc à l'épreuve diaphanométrique, on ne puisse prélever que 60 0/0 d'alcool et que l'on soit obligé de repasser le surplus dans les opérations suivantes, on arrive au chiffre de 591 kilogrammes de vapeur par hectolitre d'alcool extra-fin coulant à l'éprouvette.

Le même contrôle, appliqué au nouveau rectificateur Savalle à colonne rectangulaire, a donné, comme moyenne de travail de plusieurs usines, une dépense réduite à 135 kilogrammes de vapeur par hectolitre d'alcool coulant à l'éprouvette, soit une dépense de 225 kilogrammes de vapeur par hectolitre d'alcool extra-fin.

La comparaison des deux systèmes nous donne donc :

Dépense du rectificateur à colonnes rondes . . . 591 kilogr.

Dépense du rectificateur du nouveau système. . <u>225</u>   »

Économie en faveur du nouvel appareil . . . . 366 kilogr.

de vapeur par hectolitre d'alcool extra-fin; et si l'on admet une production de vapeur de 5 kilogrammes par kilogramme de charbon, une économie par hectolitre d'alcool de 73 kilogrammes de houille.

De cette réduction de combustible résulte la réduction proportionnelle de dépense d'eau de condensation.

Le nouveau système de rectification, dont nous donnons une vue d'ensemble (fig. 1), ne se borne pas à cette importante économie de combustible. M. Savalle a aussi *fait breveter l'emploi avec succès au chauffage des rectificateurs des vapeurs perdues d'échappement de machines*, et dans ce cas, la dépense de combustible pour la rectification devient presque nulle.

La machine à vapeur ne se trouve nullement chargée par l'emploi de cette vapeur; celle-ci se condense dans un serpentin d'une construction spéciale qui existe dans la chaudière du nouvel appareil; M. Savalle a ainsi fait une heureuse application basée sur la différence de température existant entre la vapeur d'échappement et le liquide alcoolique contenu dans la chaudière des rectificateurs.

Il en résulte aussi que les vapeurs d'échappement sont distillées à part, sans se mélanger au liquide alcoolique de la chaudière, et que cette eau distillée peut servir à alimenter à nouveau les générateurs.

Plusieurs grands appareils auxquels on peut fournir beaucoup de vapeur d'échappement fonctionnent ainsi, pour ainsi dire, sans dépense de combustible.

Après avoir traité de l'économie du charbon, il nous reste à parler de la différence de freinte ou perte d'alcool à la rectification résultant de l'emploi de ce nouvel appareil. La pratique indique que *cette perte est en raison directe de la dépense de combustible*; — et cela se conçoit: plus l'alcool est mis en ébullition, plus cette perte s'augmente; par le nouvel appareil. elle est réduite de moitié.

Ces avantages réunis représentent *une réduction de frais de fabrication d'environ deux francs par hectolitre d'alcool*. Cette économie est importante et vaut la peine que les fabricants transforment leur ancien système Savalle. Cette transformation se fait du reste aisément, puisqu'il ne faut que changer la colonne et

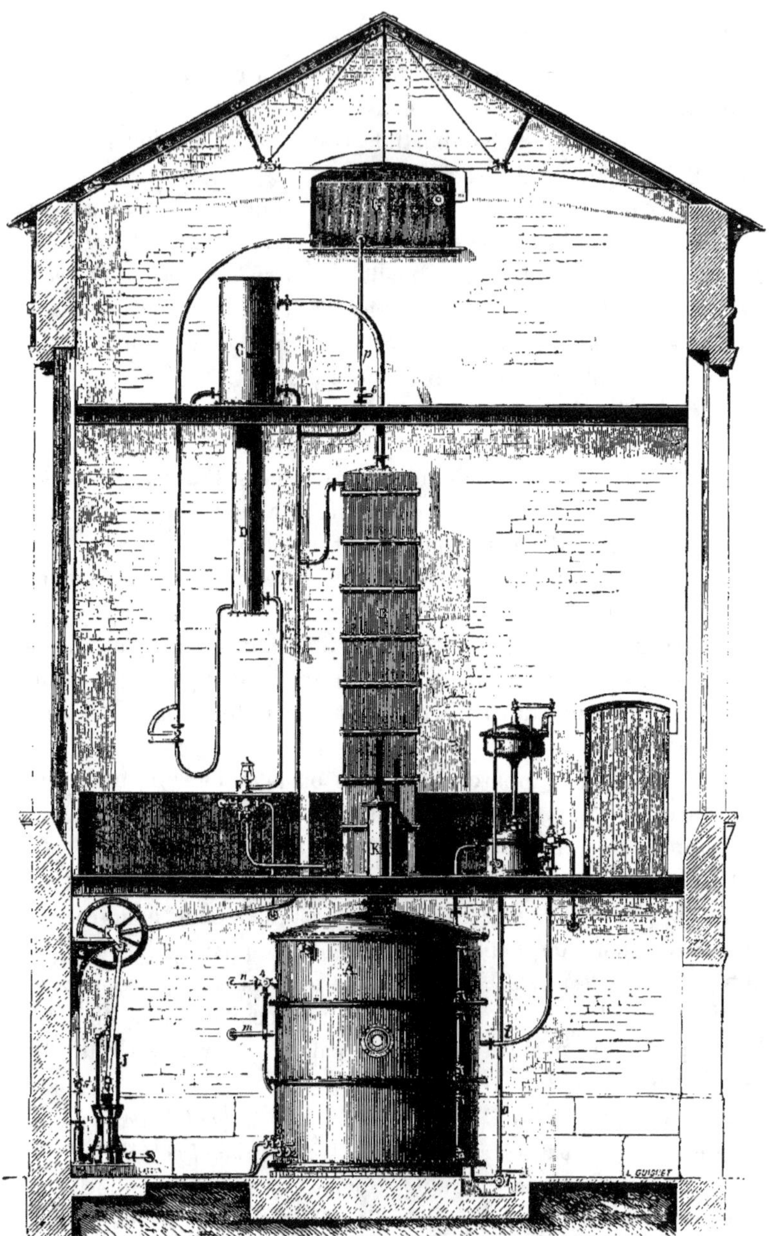

Fig. 1. — Rectificateur méthodique système Savalle.

mettre un second serpentin de chauffe dans la chaudière du rectificateur.

Plusieurs grandes usines ont déjà commencé cette transformation; parmi elles nous trouvons M. Charles Droulers-Prouvost, de Roubaix, MM. Branca frères, à Milan (Italie).

La maison Savalle a déjà établi bon nombre de ses nouveaux rectificateurs parmi lesquels nous en signalerons deux de grande dimension, l'un à la grande distillerie de grains de M. Louis Meeus, à Wyneghem, près Anvers, et l'autre à l'usine de M. Heinrich Helbing, à Wandsbeck, près Hambourg; cette usine est une des plus importantes distilleries de grains, avec production de levure d'Allemagne.

Cette notice sur le nouveau rectificateur Savalle a été publiée dans la *Revue universelle de la Brasserie et de la Distillerie;* les renseignements si instructifs qu'elle contient ont été jugés si intéressants que cet article a eu les honneurs de la reproduction dans les journaux de Paris ayant une grande circulation et qui doivent leur succès à la réputation dont ils jouissent de tenir minutieusement leurs abonnés et lecteurs au courant de tous les progrès et de toutes les découvertes (¹).

Quelque temps après, sur de nouveaux renseignements qui nous étaient parvenus, nous avons jugé utile d'écrire un article sur l'application qui venait d'être faite en Allemagne du nouveau rectificateur Savalle. Nous demandons la permission de le reproduire, car il complète la notice qui précède et dont les chiffres ne manquent pas d'intérêt, bien que cet article ait été rédigé au point de vue français, tandis que le présent travail s'adresse aux distillateurs du monde entier.

---

(1) Voir l'*Univers illustré* du 21 mai 1881.

§ II. — **Nouvel appareil de rectification employé en Allemagne.**

« Notre devoir étant de signaler aussi rapidement qu'exactement les faits nouveaux et intéressants qui se produisent dans le domaine de la distillerie, nous devons, sans plus tarder, dire quelques mots d'une grande application du nouveau rectificateur Savalle qui vient d'être faite en Allemagne même.

» Pour que le pays des alcools fins par excellence ait adopté très carrément ce nouvel appareil, il faut certainement qu'il présente des avantages incontestables.

» Nous avons donné des détails très complets sur ce nouvel appareil de *rectification méthodique;* la notice était accompagnée d'une grande gravure avec légende descriptive.

» Nous apprenons que depuis cette époque, il a été fait de nombreuses applications, si bien qu'aujourd'hui il se fabrique déjà journellement plus de 440,900 litres d'alcool extra-fin par ce nouveau système.

» Nous avons sous les yeux la liste des distilleries qui ont appliqué cet appareil, et nous avons le regret de constater que sur les 85 nouveaux rectificateurs dont nous donnons plus loin la liste (¹), 24 seulement sont installés en France et les 61 autres sont installés à l'étranger.

» Ce n'est malheureusement pas la première fois que les inventions françaises profitent plus rapidement aux étrangers qu'aux Français.

» Ce fait nous a d'autant plus frappé que la question des traités de commerce est actuellement sur le tapis.

» Les fabricants sont naturellement portés à se faire protéger et à désirer les droits d'entrée élevés. Nous sommes avec eux pour les soutenir, mais seulement pour qu'ils obtiennent des droits compensateurs représentant l'inégalité de leur situation industrielle, et à laquelle ils ne peuvent remédier, comme main-d'œuvre, combustible, etc. En aucun cas, les droits d'entrée ne peuvent être

____

(1) Voir page 37.

un encouragement à la conservation d'un matériel suranné et défectueux ; cela a été d'ailleurs bien entendu ainsi, à l'occasion de la discussion du tarif général des douanes, spécialement pendant les débats héroïques sur les droits relatifs aux fils de coton.

» Ainsi donc pour lutter contre la concurrence étrangère, les fabricants d'alcool doivent surtout se préoccuper d'employer les appareils les plus perfectionnés.

» Pour faire suite à notre article du 8 mai, nous appellerons donc l'attention des fabricants sur ce fait, qu'au moyen du nouveau rectificateur Savalle, certaines usines, par hectolitre d'alcool extra-fin coulant à l'éprouvette, ne dépensent plus que 68 kilog. de vapeur vierge, venant du générateur, ce qui représente, au maximum, une dépense de 13 kilog. 3/4 de charbon.

» Cette dépense réduite a été constatée dans la grande distillerie de M. Heinrich Helbing, à Wandsbeck, près Hambourg, où cet industriel emploie un rectificateur n° 7, donnant par heure à l'éprouvette 400 litres d'alcool à 97 degrés.

» En vapeur directe, la dépense pour ce travail est de 275 kilog. par heure ; on emploie en outre, en vapeur perdue d'échappement de machines, 310 kilog.

» En résumé, M. Helbing dépense pour le chauffage de son appareil le *quart* seulement de la valeur dépensée par les rectificateurs Savalle du système primitif, et quoique ne rectifiant dans cet appareil que des alcools russes de mauvaise qualité, il obtient sans filtration préalable des flegmes, des alcools extra-fins de qualité supérieure.

» Cet appareil présente donc le double avantage de donner un produit supérieur avec un prix de revient très réduit ; on s'explique alors qu'il ait été adopté avec empressement en Allemagne, en Belgique, en Espagne, en Italie, en Russie et jusqu'aux États-Unis.

» La distillerie française a un marché largement ouvert devant elle et chez elle ; la fabrication des alcools devra encore considérablement s'accroître pour satisfaire les besoins intérieurs, c'est par un matériel perfectionné qu'elle se rendra maîtresse absolue de son marché. — J.-P. R. »

§ III. — Économie de combustible obtenue par le nouvel appareil.

Le 7 mai 1881, M. Charles Droulers-Prouvost, de Roubaix (Nord), constatait que son ancien rectificateur Savalle dépensait 318 kilog. de vapeur pour chaque cent litres d'alcool coulant à l'éprouvette. Le 13 janvier 1882, MM. Springer et C<ie>, à Maisons-Alfort, constataient qu'ils dépensaient par les anciens rectificateurs Savalle 310 kilog. de vapeur par chaque hectolitre d'alcool écoulé à l'éprouvette.

En admettant une production de 60 0/0 d'alcool extra-fin restant blanc à l'épreuve du diaphanomètre, cela représentait chez M. Droulers une dépense de valeur de 530 kilog. par hectolitre d'alcool extra-fin, et chez MM. Springer et C<ie>, une dépense de 516 kilog. de vapeur ; il convient d'ajouter à cette dépense celle nécessitée pour élever l'eau de condensation.

Voici maintenant les résultats de la dépense de vapeur, constatés par des usines employant le nouveau rectificateur :

Chez M. Louis Meeus, qui possède une des plus grandes et des plus belles usines de distillation en Belgique, la dépense de vapeur est de 30 kilog. par hectolitre d'abord coulant à l'éprouvette ; cette dépense est la même chez M. Charles Droulers, à Roubaix.

Il en résulte que, dans ces usines, la dépense est d'environ 50 kilog. de vapeur par hectolitre d'alcool extra-fin, au lieu de 530 ou 516 kilog. dépensés pour le même travail par l'ancien rectificateur Savalle.

L'économie est de 473 kilog. de vapeur ou d'environ 95 kilog. de houille par hectolitre d'alcool extra-fin produit.

Cette économie considérable ne peut être la même pour toutes les usines, par le motif qu'elles ne disposent pas toutes de la même quantité de vapeur d'échappement. Mais si l'on considère que cette vapeur d'échappement n'entre que pour une partie seulement dans l'économie produite, il reste à toutes les usines qui appliqueront le nouveau système Savalle une grande économie à réaliser, économie qui ira à environ 2 francs par hectolitre d'alcool extra-fin produit.

Voici, du reste, le tableau des constatations faites dans différentes usines :

USINES	VAPEUR DIRECTE dépensée par **100** litres d'alcool produits à l'éprouvette.
Helbing à Wandsbeck, près Hambourg.	69 kilog.
Louis Meeus à Wyneghem, près Anvers.	30 kilog.
Misrachi à Salonique.	126 kilog.
Croisset-Rouen	125 kilog.
Charles Droulers à Roubaix.	30 kilog.
Erven Lucas Bols à Amsterdam.	133 kilog.
Ch. Mayer à Lisbonne.	125 kilog.
De Danske sprit fabrikker à Copenhague.	115 kilog.
Usine de Francières près d'Estrées, Saint-Denis.	140 kilog.

En résumé, on constate que l'on arrive à une économie de combustible de moitié en appliquant seulement la nouvelle colonne à rectifications méthodiques, et le surplus de l'économie constatée est en raison de la vapeur d'échappement utilisée.

Il y a un grand avantage à disposer les machines à vapeur qui fonctionnent par condensation, de façon à pouvoir, à volonté, utiliser la vapeur d'échappement au chauffage du rectificateur.

Cette disposition est très simple, elle s'obtient par un robinet à trois eaux qui permet d'envoyer la vapeur d'échappement à volonté au condensateur ou à l'appareil de rectification.

CHAPITRE TROISIÈME

LES GRANDS APPAREILS RECTIFICATEURS

Dans toutes les opérations industrielles, il est plus avantageux de procéder par grandes masses que par petites quantités; c'est une loi que l'on peut vérifier et qui se confirme dans toutes les industries: un puissant organe donne à la fois plus d'économie dans la fabrication et plus de perfection au produit.

Il semble que, dans une forte machine ou dans une énorme opération, les imperfections qui sont inhérentes à toute création humaine ont moins d'influence sur le résultat à obtenir et les phénomènes naturels se produisent avec une plus grande rigueur mathématique.

Ainsi, par exemple, dans une machine à vapeur de 500 chevaux les frottements sont beaucoup moindres, la distribution se fait mieux, la détente de la vapeur est bien mieux utilisée que dans dix machines de 50 chevaux.

Si nous prenons un exemple dans la distillerie même, nous citerons l'opération de la fermentation qui s'effectue d'autant mieux que la matière en fermentation est plus considérable.

Dans les distilleries anglaises, où on emploie des cuves d'une capacité de plus de 1,000 hectolitres, jusqu'à 1,590 hectolitres, et M. Jacquème en a vu une en Écosse de 2,408 hectolitres (53,000 gallons), la fermentation a une régularité et une perfection que l'on ne connaît pas quand on fermente en petites cuves.

« Dans ces grands volumes de moût, dit M. Jacquème, la » transformation est très régulière et aussi complète que pos- » sible; bien plus, la portion de l'amidon que la diastase n'a

» pu convertir en sucre, et a laissé dans le moût à l'état de
» dextrine, pendant la saccharification, subit à la fin cette trans-
» formation à mesure que la glucose se décompose en alcool ou
» en acides et vient augmenter le produit transformable du moût
» de sorte que la proportion d'alcool qui se forme correspond
» presque exactement aux données de la théorie (¹). »

Or, ce qui est vrai et saisissant pour la fermentation l'est également pour la rectification des flegmes; plus le volume de matière est considérable, plus l'appareil est puissant, mieux le fractionnement des vapeurs se fait, la division des produits s'effectue
avec plus de régularité, les phénomènes de l'affinité des corps
en présence se produisent avec plus de facilité suivant les lois
naturelles : d'où une perfection considérable dans l'alcool obtenu
et grande économie.

Car dans cette question deux considérations militent en faveur
des grands appareils. Au point de vue technique, comme au
point de vue commercial, on ne saurait assez les recommander.

Nous appelons donc toute l'attention des distillateurs, qui, par
l'importance de leurs usines, sont susceptibles de l'appliquer, sur le
nouveau rectificateur Savalle à grande puissance dont la belle
gravure ci-contre leur donnera une idée.

Nous donnons plus loin la liste des 85 rectificateurs déjà installés. Comme on le remarquera, ces appareils sont placés dans
différents pays, ce qui est un indice probant du succès qu'obtiennent partout les rectificateurs du système Savalle.

En industrie, ce sont les résultats qu'il faut voir et ne pas
hésiter devant les dépenses fructueuses ; un appareil fabricant
des alcools de premier ordre demandés sur le marché est toujours plus rémunérateur que celui qui produit des qualités infé-
rieures.

On doit aussi penser qu'un appareil industriel n'est pas un
meuble dont on fait l'acquisition une fois pour toutes, c'est une
machine organisée qui donne la vie à un établissement et qu'il
faut perfectionner sans cesse ; cet axiome économique, si vrai

---

(1) Impôt sur l'alcool. Législation fiscale du Royaume-Uni des îles britanniques.
Rapport fait par M. Jacquème, inspecteur des finances. Paris, Imprimerie nationale.

pour toutes les industries, est surtout d'une application stricte pour la distillerie qui fait d'immenses et constants progrès.

Dans l'appareil représenté, la chaudière destinée à recevoir les alcools bruts à rectifier contient 75,000 litres. Elle a un diamètre de 4^m50 sur une élévation de 4^m75.

La colonne rectangulaire de cet appareil, posée sur le premier plancher, a une élévati n de 8^m25 Les murs du bâtiment pour le contenir ont une élévation de 18^m80.

Cette installation produit le chiffre respectable de 20,000 litres d'alcool fin à 96°, soit 33 pipes par 24 heures de travail.

Établi d'après le nouveau système à rectifications méthodiques, le parcours des alcools condensés y est de 600 mètres, parcours pendant lequel l'alcool se retravaille et s'épure graduellement en refoulant à la chaudière les impuretés composées d'huiles essentielles et d'eau, et en élevant à la partie supérieure de l'appareil les alcools fins débarrassés de toute souillure.

Ce grand travail qui exigeait, il y a peu de temps encore, une dépense de 4,000 kilog. de vapeur par heure, s'opère actuellement dans certaines usines avec la dépense minime de 400 kilog. de vapeur prise au générateur et le surplus en utilisant les vapeurs perdues de l'usine.

Le nouvel appareil de MM. D. Savalle et Cie sera certainement la cause la plus déterminante de la production exclusive des alcools extra-fins, débarrassés de toute impureté désagréable à l'odorat, au goût, et nuisible à la santé des consommateurs, car il est reconnu que pour obtenir de l'alcool supérieur, le fabricant doit se contenter de vendre les cœurs de rectification et retravailler dans des opérations suivantes les autres produits.

Tant que le travail de la rectification parfaite a été d'un prix de revient très élevé, certaines usines trouvaient avantageux de ne vendre que des alcools ordinaires; mais du moment que la dépense de combustible pour produire ce travail se réduit dans la proportion considérable que nous venons d'indiquer, il y a tout avantage à ne livrer à la consommation que des produits irréprochables, tant au point de la marque de la maison que de la prime obtenue.

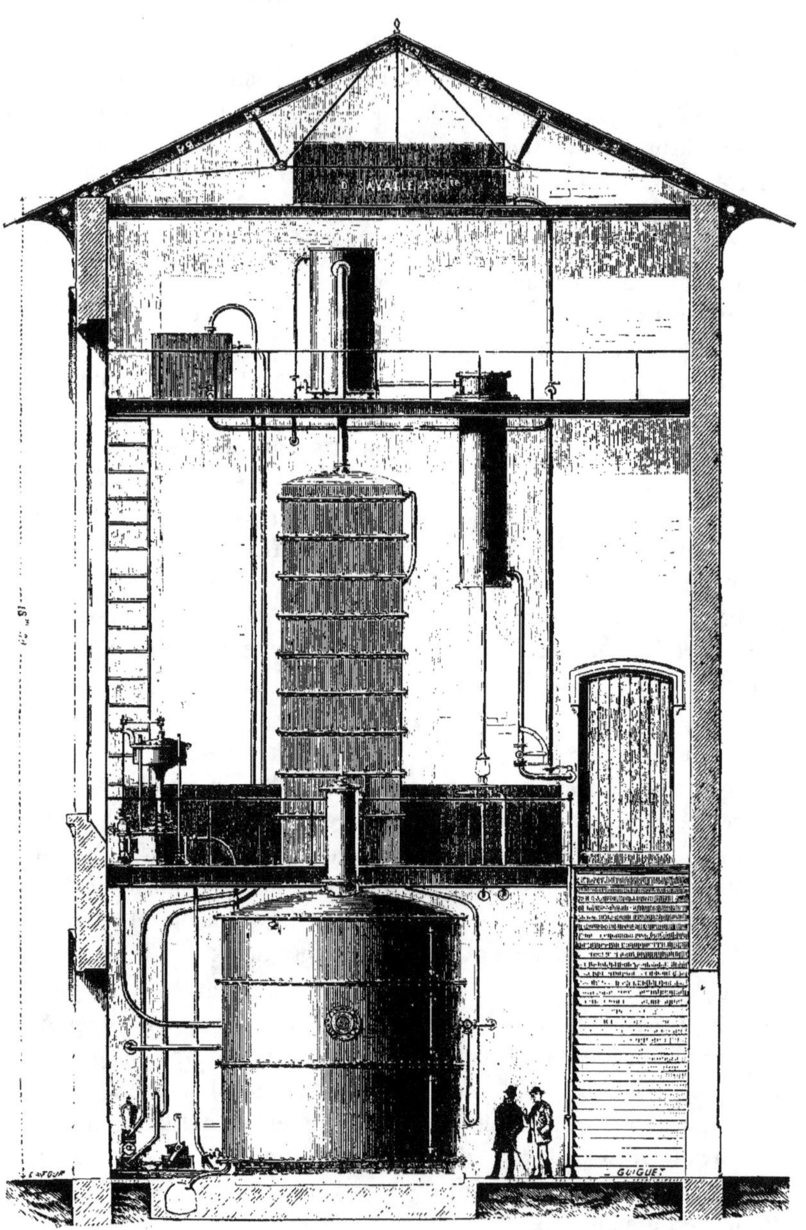

Fig. 2 — Appareil de rectification nᵒ 12, produisant 202,000 litres d'alcoo par jour.

Simplifier le travail dans les usines est toujours le but qui doit être poursuivi, car une surveillance facile, une économie de main-d'œuvre, une grande régularité dans la marche du travail, sont les conséquences du travail simplifié. En outre, en matière de rectification d'alcool, comme dans quelques autres fabrications que nous pourrions citer, la production par grande masse unique donne des résultats supérieurs au travail fractionné.

Employer un seul grand appareil au lieu d'en avoir quatre ou cinq, comme cela existe encore dans certaines grandes distilleries, c'est un avantage signalé, car le travail d'un seul grand appareil se contrôle aisément, tandis que par l'emploi de cinq appareils, on risque dix fois par jour d'altérer plus ou moins le travail de la journée. Enfin, il est parfaitement reconnu que les alcools provenant de grands appareils sont toujours supérieurs à ceux produits, dans des conditions égales, par des appareils plus petits. Ce fait s'est contrôlé dans des distilleries qui emploient des rectificateurs de différentes dimensions, et, entre autres, dans la grande usine de MM. J.-F. Hoper, à Hambourg.

L'industrie de la distillation profitera largement de l'emploi de ce nouvel appareil, qui vient diminuer ses frais de fabrication dans une proportion de deux francs par hectolitre d'alcool.

Cette augmentation de bénéfices paye en un an l'acquisition du nouvel appareil.

Les usines ayant déjà l'appareil Savalle à colonne ronde pourront facilement le transformer en y appliquant une colonne à rectification méthodique et le système de chauffage pour utiliser les vapeurs d'échappement de la machine.

Nous donnons ici, figures 3 et 4, la disposition combinée par M. Savalle pour le chauffage de son nouveau rectificateur ; les vapeurs d'échappement de la machine y sont utilisées complètement dans le serpentin spécial, et le supplément de vapeur directe, nécessaire à l'appareil, vient du régulateur et agit dans le second serpentin de chauffe.

On pourrait envoyer la vapeur d'échappement et la vapeur directe dans un seul et même serpentin de chauffe ; il en résulterait, dans certaines phases de l'opération, une forte contre-pres-

sion sur le piston de la machine. Cet inconvénient est évité par
la disposition de chauffe que nous indiquons ici et qui est brevetée par M. Savalle.

Nouveau mode de chauffage des rectificateurs.

Fig. 3. — Disposition combinée et brevetée s. g. d. g. par M. Savalle pour le chauffage
de son nouveau rectificateur.

LÉGENDE

A.   Régulateur de vapeur.

B. C. Serpentin de chauffe pour la vapeur directe.

D.   Machine à vapeur.

E. F. Serpentin de chauffe spécial où se condense la vapeur d'échappement.

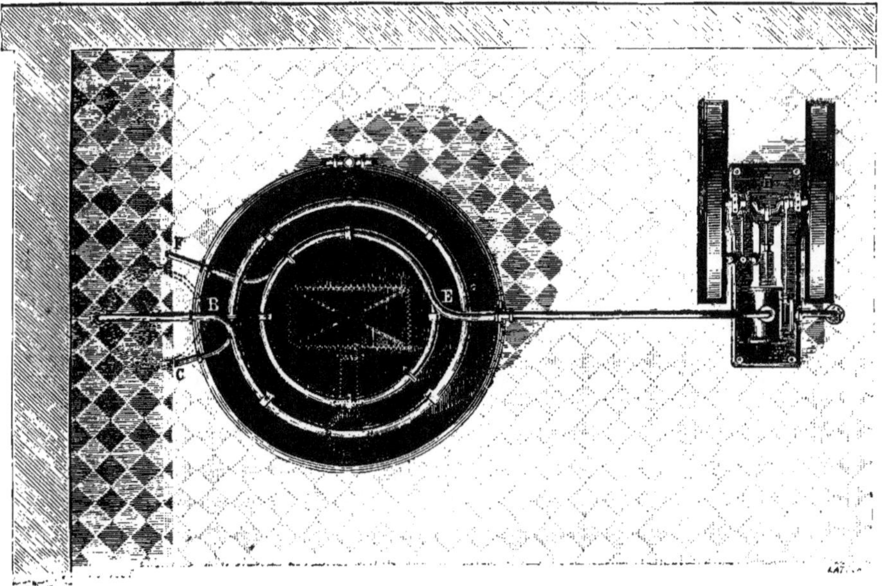

Fig. 4. — Vue en plan de la nouvelle disposition de chauffage des rectificateurs Savalle.

CHAPITRE QUATRIÈME

§ I. — Rectificateur fonctionnant sans eau.

Par l'étude si minutieuse qu'il a faite de ses appareils, les perfectionnements si nombreux et importants dont il les a dotés, M. Désiré Savalle est parvenu à utiliser pour ainsi dire le der-nier atome de vapeur et à porter à son extrême minimum la consommation de l'eau froide, car on sent que parmi les qualités que doit posséder un rectificateur d'alcool, en outre de la production d'un alcool très fin, laquelle est d'ailleurs la qualité primordiale d'un tel appareil, il faut, en outre, que la consommation du charbon soit très réduite et que la quantité d'eau ne soit point exagérée.

La qualité de l'alcool étant une question résolue, l'application de la vapeur d'échappement ayant réduit la consommation de vapeur vierge à son minimum, M. D. Savalle a porté ses recherches vers l'économie de l'eau et au besoin sa suppression.

Pour n'être pas aussi importante que la réduction du charbon, la diminution de la quantité d'eau a cependant sa valeur.

Dans les localités où l'eau ne se trouve pas en abondance, la suppression de l'eau pour la rectification est un véritable bienfait; en outre, la suppression de l'eau empêche en même temps une usure considérable des appareils due aux dépôts que l'eau produit.

M. Désiré Savalle a fort habilement résolu la question en remplaçant l'eau par l'air froid.

Cette idée paraît toute simple et fait songer à l'œuf de Christophe Colomb. Il fallait y penser.

En somme, de quoi s'agit-il? D'enlever des calories de chaleur aux vapeurs alcooliques qui circulent dans l'intérieur d'un rectificateur. Pour enlever facilement ces calories, il faut un fluide quelconque, gaz ou liquide.

Comme l'eau se trouve avec facilité, on l'adopte plus communément ; mais M. Savalle a pensé que l'air, qui est encore plus à portée que l'eau, pouvait rendre les mêmes services ; son idée s'est trouvée profondément juste et son système a parfaitement réussi.

Il a entrepris une série d'expériences très variées pour mesurer avec la plus grande exactitude : les quantités d'air nécessaires à la réfrigération des vapeurs, la dimension des tuyaux conducteurs, la force des ventilateurs, etc.

On lira plus loin la description de l'application qui a été faite, à Aubervilliers, d'une des belles idées de M. Savalle.

Si dans les pays chauds et où, par conséquent, le pouvoir réfrigérant de l'air est presque nul, cette intéressante invention peut être appliquée avec grand succès, d'autre part, dans les pays froids, comme le Nord, la Belgique, la Hollande, l'Allemagne, la Russie, la Suède, le système de refroidissement par l'air offre des avantages incontestables, que des hommes pratiques ont déjà saisis et appliqués, en achetant à la maison Savalle des appareils de rectification fonctionnant par l'air.

§ II. — Description du nouvel appareil.

M. Désiré Savalle nous a invité à visiter et à suivre le travail du nouveau système de rectification qui fonctionne, depuis quelque temps déjà, dans la distillerie de mélasses de M. Paul Delcourt, à Aubervilliers, près Paris. Nous avons profité de l'aimable invitation qui nous était faite et nous avons constaté là un véritable progrès dont l'industrie des alcools tirera un grand profit.

Les alcools obtenus par l'ancien appareil Savalle étaient de qualité supérieure, cela ne fait pas de doute ; mais on reprochait à cet appareil de dépenser trop d'eau et trop de combustible.

Le premier reproche ne sera plus fait au nouveau système, car il fonctionne complètement *sans eau* ; la condensation, c'est-à-dire l'analyse des vapeurs alcooliques et la réfrigération sont obtenues par un courant d'air envoyé dans le condenseur et le réfrigérant.

Il résulte de cette nouvelle combinaison de très grands avantages, car outre la suppression de l'eau qui, dans certains cas, fait complètement défaut, il en résulte que les surfaces des condenseurs et celles des réfrigérants ne sont plus entartrées ni couvertes de limon, et que la qualité et le degré de l'alcool ne sont plus dépréciés par l'atténuation de l'effet utile de ces parties de l'appareil; on évite aussi la main-d'œuvre de l'homme employé à nettoyer chaque jour les condenseurs et les réfrigérants. On évite encore de briser les parties tubulaires et de perdre souvent beaucoup d'alcool avant de s'en apercevoir.

On évite enfin la dépense nécessitée tous les quatre ans pour remplacer les condenseurs dont les surfaces sont usées par les nettoyages fréquents au racloir et à l'acide.

Le second reproche fait à l'ancien rectificateur Savalle (celui relatif à la consommation de combustible) sera également écarté, car il résulte d'un tableau d'expériences faites et répétées avec beaucoup de soins à l'usine de M. Paul Delcourt, à Aubervilliers, que le nouvel appareil ne dépense, pour chaque hectolitre d'alcool venant à l'éprouvette, que 131 kilog. de vapeur, tandis que les anciens rectificateurs Savalle en dépensent en moyenne 275, et qu'il faut ajouter en outre à cette dépense celle nécessitée pour élever l'eau de condensation.

Voici le tableau résumant les expériences faites à Aubervilliers, expériences qu'il sera facile de répéter dans les usines employant l'ancien rectificateur Savalle.

(Voir tableau d'autre part.)

§ III. — Expériences comparatives faites sur trois appareils Savalle

FONCTIONNANT A L'USINE
DE M. PAUL DELCOURT, A AUBERVILLIERS (Seine).

Dépense de vapeur pour 100 litres d'acool venant à l'éprouvette.

NUMÉROS DES APPAREILS	KILOG. DE VAPEUR CONDENSÉE OU LITRES D'EAU ÉCOULÉS PAR HEURE A LA SORTIE DES SERPENTINS DE CHAUFFE	VOLUME D'ALCOOL PRODUIT PAR HEURE A L'ÉPROUVETTE	KILOG. DE VAPEUR D'EAU PAR HECT. D'ALCOOL PRODUIT A L'ÉPROUVETTE	DÉPENSE DE CHARBON EN ADOPTANT UNE PRODUCTION DE 5 KILOGRAMMES DE VAPEUR PAR KILOGRAMME DE HOUILLE
	LITRES	LITRES	KILOGRAMMES	KILOGRAMMES
6	735	258	284	57
5	583	220	265	53
4	262	200	131	26

Les rectificateurs n° 5 et 6 sont du système Savalle primitif.

Le rectificateur n° 4 est l'appareil à air et dans les 26 kilog. est comprise la force motrice qui actionne le ventilateur, tandis que pour les deux autres appareils il faut compter la dépense en plus pour élever l'eau de condensation.

En résumé, pour une distillerie d'une puissance de travail moyenne produisant 50 hectolitres d'alcool fin par jour, le fabricant aura un grand avantage à faire transformer son appareil. Il en résultera pour lui, sur un travail de 300 jours :

1° Main-d'œuvre en moins pour nettoyage des condenseurs et réfrigérants, dépense d'outils, brosses, acide. . Fr. 1.200 »

2° Remplacement des condenseurs et réfrigérants, tous les quatre ans. . . . . 800 »

3° Différence de dépense de combustible par hectolitre d'alcool coulant à l'éprouvette, 41 kilog. et par hectolitre d'alcool extra-fin, en

A reporter. . . . . Fr. 2.000 »

Report. . . . .   Fr.   2.000   »

prenant 60 0/0 du produit de cet alcool de qualité supérieure, 68 kil. de charbon, soit pour 15,000 hectolitres, 1,020 tonnes de houille, à 20 francs. . . . .   20.400   »

4° Mais de la différence de dépense de combustible, il résulte que l'alcool est moins souvent mis en vapeur et que la perte de la rectification se trouve diminuée dans la même proportion, soit de plus de 1 0/0, ce qui représente, sur 15,000 hectolitres d'alcool à 60 francs l'hectolitre. . . . .   9.000   »

Nous arrivons ainsi au total de. . . . . .   Fr.   31.400   »

ou une diminution de prix de revient de plus de 2 francs par hectolitre d'alcool extra-fin.

Les fabricants d'alcool nous sauront gré de leur signaler un aussi considérable progrès accompli dans leur industrie, et nous nous félicitons de notre visite à Aubervilliers, qui a été pour nous une révélation.

Pour compléter ces renseignements, nous ajouterons que par un calcul très simple, on démontre que l'économie de combustible réalisée dans le travail de la première année seulement compense, et au delà, le prix d'acquisition du nouvel appareil.

§ IV. — **Mise en train de l'appareil fonctionnant sans eau.**

Légende de la figure 5.

A. Chaudière en cuivre ou en tôle recevant l'alcool à rectifier. Cet alcool y est ramené, par une addition d'eau, à 40 ou 45 degrés centésimaux, afin de faciliter la séparation des huiles essentielles infectes. — La chaudière contient intérieurement un serpentin chauffeur, dont la disposition nouvelle facilite la sortie des vapeurs condensées et donne une résistance plus grande à cette partie de l'appareil.

B. Colonne rectangulaire où s'effectuent les distillations multiples.

C. Condenseur analyseur tubulaire dont la fonction est de retourner à l'état liquide vers la colonne A une partie des vapeurs alcooliques qu'on lui soumet à analyser, et à laisser passer l'autre partie de ses vapeurs (dont le degré alcoolique est élevé) au réfrigérant.

D. Réfrigérant qui liquéfie et refroidit l'alcool rectifié.

E. Régulateur automatique réglant le chauffage de l'appareil et la production des vapeurs alcooliques avec la précision d'un millième d'atmosphère.

F. Ventilateur.

G. Éprouvette pour l'écoulement du 3/6 rectifié, indiquant le volume de produit écoulé par heure.

H. Conduite d'air pour le condenseur.

I. Conduite d'air pour le réfrigérant.

J. Registre pour régler la quantité d'air à employer au condenseur.

K. Levier gradué pour régler l'ouverture du registre J.

L. Machine à vapeur actionnant le ventilateur.

1. Robinet spécial au régulateur de vapeur.

2. Sortie des eaux de condensation de vapeur de chauffage.

3. Robinet de vidange de la colonne.

4. Robinet de nettoyage et de chargement de la colonne.

5. Robinet de vidange de la partie supérieure de la colonne.

6. Thermomètre spécial aux appareils Savalle, indiquant les différentes phases de l'opération et le moment où il faut la terminer, en soutirant les huiles lourdes et infectes séparées par le travail.

7. Robinet double servant à emplir et à vider la chaudière.

On prépare l'appareil au travail en chargeant dans la chaudière A les alcools bruts à rectifier, et en refoulant sur les plateaux de la colonne B, par le robinet n° 4, les alcools secondaires d'une opération précédente.

La colonne se trouve ainsi lavée et débarrassée des huiles essentielles du travail précédent; de plus ses plateaux se trouvent chargés d'alcool fort degré pour reprendre le travail. Il résulte

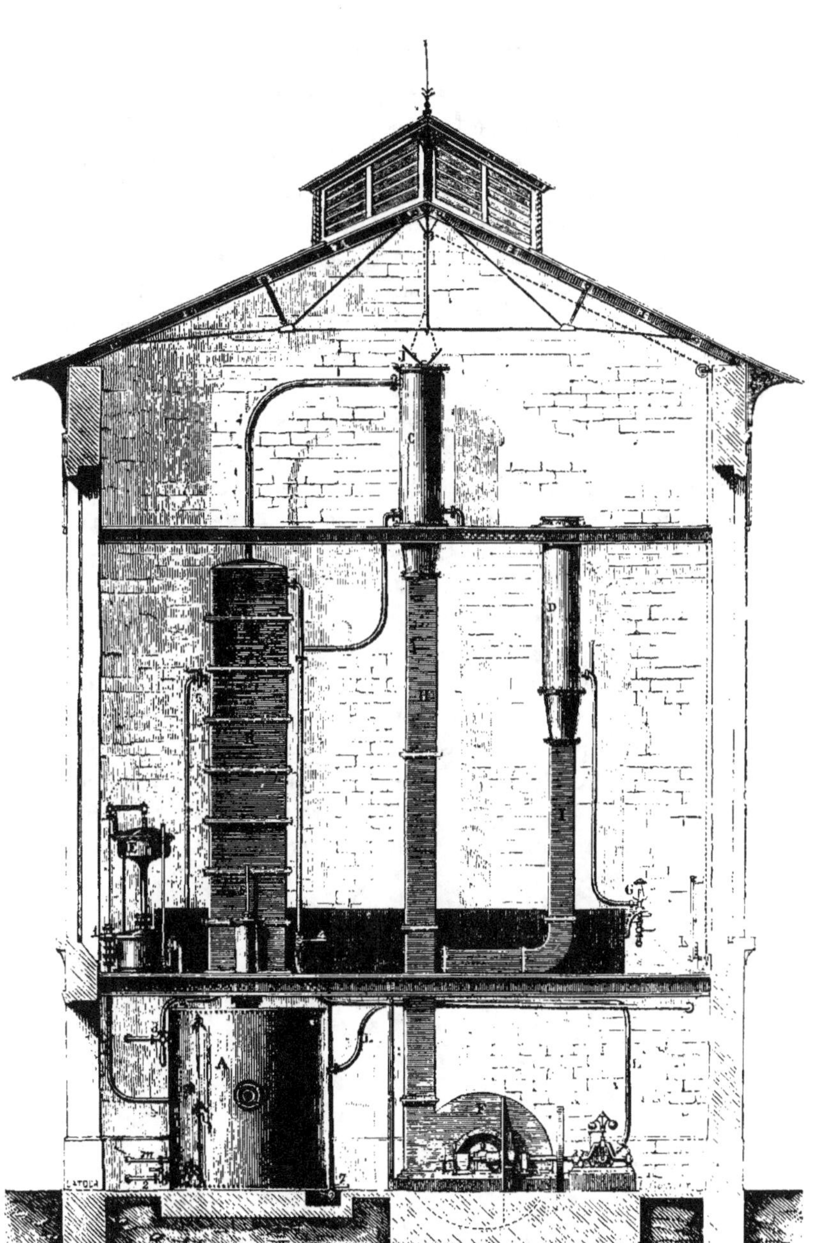

Fig. 5. — Appareil de rectification fonctionnant sans eau.

de cette nouvelle disposition que l'appareil se trouve parfaitement propre et que l'on épargne la dépense de charbon nécessitée par les anciens appareils, où l'on passe une heure et plus à envoyer des vapeurs d'alcool dans le condenseur pour les y condenser et garnir par rétrogradation les plateaux de la colonne, opération que l'on appelle techniquement « *faire les plateaux* ».

L'appareil ainsi préparé, on chauffe le contenu de la chaudière A, en introduisant la vapeur directe par le régulateur D, et aussi en y envoyant la vapeur d'échappement de la machine actionnant le ventilateur : celle-ci passe dans un serpentin de chauffe spécial.

Les vapeurs alcooliques sortent de la chaudière A et vont chauffer successivement les couches d'alcool retenues sur les plateaux de la colonne B. De la colonne, les vapeurs d'alcool se rendent au condenseur où elles occupent la partie extérieure des tubes, tandis qu'un courant d'air froid passe dans la série des tubes. La condensation se règle par l'ouverture du registre S, de manière à condenser et à faire revenir à l'état liquide vers la colonne les vapeurs d'alcool aqueuses, et de laisser s'échapper à l'état de vapeurs vers le réfrigérant D les vapeurs d'alcool les plus concentrées. Un courant d'air passe dans les tubes du réfrigérant D, et sous son influence, les vapeurs d'alcool se condensent d'abord et se refroidissent ensuite à la température de l'air ambiant, pour s'écouler finalement à l'éprouvette G où a lieu le fractionnement des produits bon goût et mauvais goût.

§ V. — Distilleries employant le nouveau rectificateur Savalle.

NOMBRE D'APPAREILS	FRANCE	NUMÉRO DE DIMENSION DES APPAREILS	PRODUCTION PAR JOUR
3	Usine de Croisset-Rouen	10	37.500 litres.
1	Usine de Francières par Estrée-Saint-Denis.	6	4.560 »
1	A. W. King et Cie, à Avignon.	5	3.600 »
1	Droulers, à Roubaix	7	6.500 »
1	Société anonyme de la distillerie d'Aubervilliers.	4	2.800 »
1	Braconnier, à Chavagné.	5	3.600 »
2	Compagnie des distilleries de Bordeaux.	10	25.000 »
1	Evrard et Cie, à Rue (Somme).	6	4.500 »
1	Ouvré, à Souppes (Seine-et-Marne)	5	3.600 »
4	Delizy et Doistau fils, à Pantin (Seine).	8-12	50.000 »
2	Boulet fils, à Rouen.	10	24.100 »
1	Lombard, à Paris	4	2.800 »
1	Dujardin, à Monchecour	5	3.600 »
1	Bonzel, à Flines-la-Montagne	6	4.500 »
1	Mottez frères, à Hamage	7	6.000 »
4	La Madone, à Puteaux (Seine).	7-10	36.800 »
	ÉTRANGER		
1	Erven Lucas Bols, à Amsterdam (Hollande).	4	2.800 »
1	Charles Meyer, à Lisbonne (Portugal)	4	2.800 »
1	Thomas Gaff (Société The Millcreeck Distilling). Cincinnati (États-Unis)	10	12.500 »
1	Charles Meyer, à Saint-Michel (Açores).	5	3.600 »
1	Misrachi Fernandez et Cie, à Salonique.	7	6.500 »
1	Louis Meeus, à Wynegham près Anvers	7	6.500 »
1	Heinr. Helbing, à Wandsbeck près Hambourg	7	6.500 »
1	Abegg, à Savigliano (Italie)	7	6.500 »
1	Antonio Grau, à Barcelone	4	2.800 »
1	Peters et Cie, à Porto (Portugal).	3	2.000 »
1	Bosch frères, à Badalona (Espagne)	3	2.000 »
1	Garcia, Romero, à Madrid	3	2.000 »
1	Silva Ferreira Neto, à Faro (Portugal)	3	2.000 »
1	Podolski, à Trostianetz (Russie).	6	4.500 »
1	Hans Just, à Copenhague.	5	3.600 »
1	Danske Spritfabrikker, à Copenhague	10	12.500 »
42	. . . . _À reporter_		298.500 »

NOMBRE D'APPAREILS		NUMÉRO DE DIMENSION DES APPAREILS	PRODUCTION PAR JOUR
42	. . . . *Report*		298.500 litres.
1	D'Emarèse. à Ivrée par Baïro, près Turin (Italie)	3	2.500 »
1	Franz-Xavier Brosche et fils, à Prague.	10	12.500 »
1	Carl Zehe, à Sorau (Allemagne)	4	2.800 »
1	Demètre Moraït, à Bucharest	5	3.600 »
1	Branca frères, à Milan	7	6.500 »
1	J. Anderson, à Kosatskol	6	4.500 »
1	J. Jonescu, à Cotofeni (Roumanie)	4	2.800 »
2	Empreza Angreuse de Distillaçào, à Tercères (Açores) . .	3-4	4.800 »
1	Distillerie Nuestra Senora. à Salobrena.	3	2.000 »
1	Sala Pou et Cie, à Barcelone.	3	2.000 »
1	Keller et Cie, à Saint-Pétersbourg	5	3.600 »
1	B. Adelheim, à Kieff (Russie)	4	2.800 »
2	Lavergne et Cie, à Buenos-Ayres	2-4	4.000 »
2	Mautner, à Floridsdorff (Autriche)	3-6	6.500 »
1	Jacob Walter, à Londres.	2	1.000 »
1	Mosquera fils, à Caracas (Vénézuela)	2	1.000 »
1	Santo Cortico et Freitas, à Rio-de-Janeiro	7	6.000 »
1	Ruperto Echeveria, à Valparaiso (Chili)	4	2.800 »
1	Wogan et Cie, à Moscou.	7	6.000 »
1	Dolgoff, à Nijny-Novgorod	8	8.000 »
1	Guillermo Valleto, à Mexico.	3	2.000 »
1	X. . ., au Brésil	3	2.000 »
2	Enrique Bunster, au Chili.	4-3	5.000 »
1	Rezard et Cie, au Brésil.	4	2.800 »
1	Van Meerten et fils, à Delft.	5	3.600 »
1	Van Marken, à Delft	7	6.000 »
1	Schiedamsche alcoholfabrick, à Schiedam	8	8.000 »
1	Vicini, à Saint-Domingue.	4	2.800 »
1	Missim David Boufyl, à Constantinople.	6	4.500 »
1	Fawcett, Preston et Cie (aux Colonies)	3	2.000 »
1	Trueba et fils. (La Havane)	2	1.000 »
1	Torquato d'Almeida, à Porto.	2	1.000 »
1	Ayala et Cie, à Manille	3	2.000 »
2	X. . . au Brésil	3	2.000 »
1	Agricol fabril, à Lisbonne	3	2.000 »
1	Meillet et Cie, à Montévidéo.	8	8.000 »
2	X. . . . République Argentine.	3	2.000 »
85	Puissance de travail journalière. .		440.900 litres d'alcool.

CHAPITRE CINQUIÈME

RÉGULATEUR AUTOMATIQUE

DE CHAUFFAGE

DES COLONNES DISTILLATOIRES ET DES RECTIFICATEURS SAVALLE

Le régulateur de vapeur, qui est aujourd'hui universellement adopté dans les distilleries, est une des plus belles créations de M. Désiré Savalle. Ce précieux instrument n'est pas seulement une garantie contre les dangers que peut faire courir l'irrégularité de la pression de la vapeur à l'intérieur des appareils, mais il concourt puissamment à la perfection du produit par la régularité du chauffage.

Notre savant confrère de Vienne (Autriche), M. Aloïs Schœnberg, dans son excellent journal le *Populäre Zeitschrift für Spiritus und Presshefe-Industrie* (Gazette populaire de l'industrie des alcools et de la levure), a fait ressortir avec beaucoup de science et de sens pratique les services que rend le régulateur Savalle: nous ne saurions mieux dire, et nous reproduisons la traduction de cet intéressant article :

« Pour obtenir l'épuisement constant, complet du moût soumis à la distillation ou, en d'autres termes, pour obtenir tout l'alcool contenu dans le moût arrivant à distillation, l'uniformité de la distillation joue, à côté des autres conditions bien connues, un rôle des plus importants, et nous sommes convaincus que beaucoup de praticiens ont déjà constaté souvent qu'une distillation irrégulière, tantôt trop rapide, tantôt trop lente, produit toujours une perte de rendement.

» La même chose a lieu dans la rectification des alcools, mais dans une mesure beaucoup plus prononcée encore, personne ne le contestera; et ici, à la perte sur la quantité, vient se joindre une autre perte très considérable dans la qualité du produit. On sait que l'on obtient dans la rectification de l'alcool quatre produits différents : les huiles de fusel, la tête, la queue et l'alcool bon goût. Le produit de distillation qu'on obtient en premier lieu n'est pas pur; on le nomme la tête; puis, vient l'alcool bon goût, après lui la queue et, pour finir, les huiles de fusel. Or si, dans la chaudière de l'appareil, il y a dès le commencement de la rectification une trop forte pression de vapeur, nous obtiendrons une proportion extrêmement élevée de tête, ce qui est déjà très désavantageux, en ce sens qu'il faut la soumettre à une rectification nouvelle. Si, maintenant, pendant que passe l'alcool bon goût, survient subitement un excès de pression de vapeur, ce qu'on ne peut éviter, et si le conducteur de l'appareil ne s'en aperçoit pas, il passera plus ou moins d'huile de fusel avec l'alcool, et la qualité de la marchandise en souffrira notablement; l'excès de pression de vapeur dans la chaudière de l'appareil à rectifier ne durât-il que trois ou quatre minutes, et même moins, cela suffit pour gâter une grande quantité de produit fin. Enfin, si l'accroissement de pression de vapeur survient peu de temps avant la fin du passage de l'alcool bon goût, il passe naturellement du fusel en quantité; le conducteur de l'appareil est alors forcé de laisser le reste de la distillation pour la queue, ce qui est une nouvelle cause de dommage.

» On objectera que le conducteur est cependant là, qu'il n'a d'autre tâche que d'observer la marche de l'appareil. Mais que l'on veuille bien considérer qu'un chargement demande ordinairement, pour passer par la rectification, 24 heures ou plus, et si même on relève le conducteur au bout de 12 heures, nous croyons qu'il n'existe pas d'hommes capables de surveiller mécaniquement pendant tout ce temps sans interruption — même pendant la nuit — la marche de l'appareil, alors que, ainsi que nous l'avons vu, il suffit de quelques minutes pour vicier la qualité du produit fin.

» Le conducteur de l'appareil surveille d'ordinaire exactement la marche de l'appareil au commencement et peu de temps avant la fin de l'opération. Pendant le passage de l'alcool bon goût, il ne l'observe que de temps en temps. Généralement un conducteur a à surveiller deux, trois appareils, et même plus, et dans ces conditions il lui est presque impossible de donner à chaque appareil l'attention voulue, à moins d'avoir un régulateur.

» Pour donner une preuve plus palpable encore de ce que nous venons de dire, nous ajouterons que, à notre connaissance, aucun appareil de rectification dépourvu de régulateur à vapeur ne produit un alcool réellement fin, convenable sous tous les rapports, tandis que, dans toutes les fabriques où l'on produit une marchandise de cette qualité, on se sert d'un régulateur.

» Nous ne voulons pas dire que le régulateur à vapeur soit la cause de la finesse recherchée du produit; mais il est un des nombreux facteurs qui y conduisent, et nous comptons parler prochainement en détail de ce facteur important, dans l'intérêt même de nos industriels.

» Le régulateur de vapeur a pour but de maintenir une tension toujours uniforme dans le rectificateur ou dans la colonne distillatoire de l'appareil, de sorte que si, par exemple, la vapeur monte dans le générateur et produit ainsi dans le rectificateur ou dans la colonne distillatoire une pression plus forte qu'il n'est nécessaire, l'ouverture à la soupape à vapeur se rétrécit mécaniquement et s'agrandit dans le cas contraire. *Savalle* fut le premier qui reconnut l'importance d'un régulateur à vapeur et aussi le premier qui en ait construit un qui réponde parfaitement au but sans négliger la solidité de construction. »

Voici en outre comment s'est exprimé un homme pratique, M. J. Pezeyre, au sujet du régulateur automatique à vapeur, dans une de ses communications à la Chambre syndicale des distillateurs de Paris :

« Le régulateur est une application des lois de l'hydraulique essentiellement nouvelle, introduite par M. Savalle dans les appareils de distillation. Il a pour effet de régulariser l'emploi de

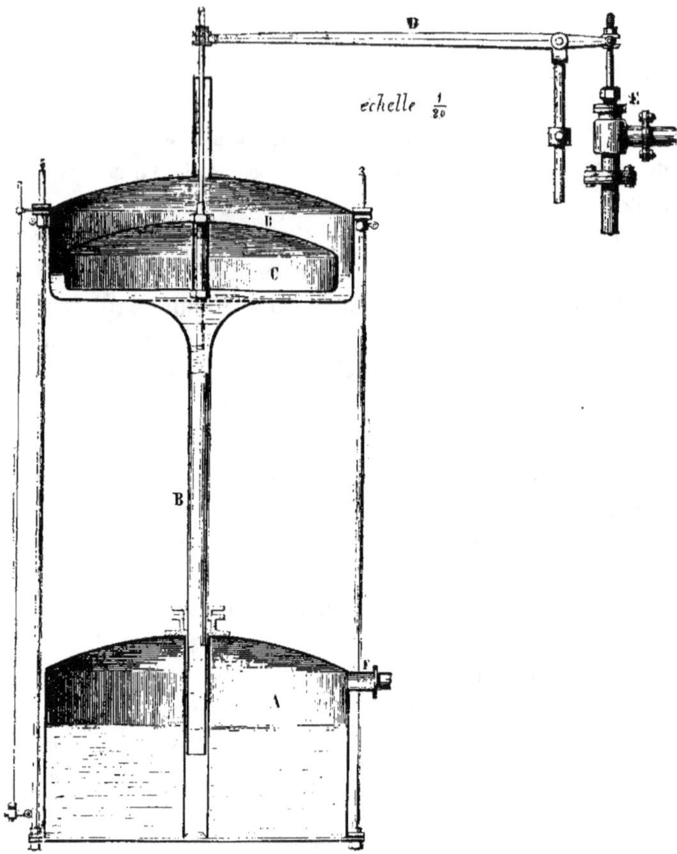

Fig. 6. — Régulateur automatique de chauffage des appareils Savalle.

Fig. 7. — Soupape de vapeur du régulateur.

toutes les forces et toutes les fonctions, et de maintenir les phénomènes qui s'accomplissent dans tous les organes de l'appareil dans des conditions de température et de pression constantes et indispensables à l'homogénéité, à la bonté du produit et à la vitesse de son écoulement. On évite ainsi de troubler l'opération par des coups de feu violents, dont on n'est jamais maître avec les appareils ordinaires. *Un appareil de distillation privé de régulateur est comme un navire sans boussole, exposé à toutes les chances d'erreurs et d'accidents.* »

Ce régulateur, représenté par la figure 6, est le guide indispensable des appareils, en ce sens qu'il maintient efficacement la pression, la température de la vitesse de circulation des liquides dans les limites les plus favorables au dégagement de l'alcool et à l'élimination des éléments étrangers qui le souillent.

Il a pour organe principal un flotteur C, qui a pour fonction d'ouvrir ou de fermer un robinet de vapeur adapté sur la conduite de chauffage et dont la puissance, augmentée par l'intermédiaire du levier D, atteint 400 kilogrammes, de sorte que ni la poussière ni l'usure du robinet de vapeur ne puissent empêcher son action (les fig. 6 et 7 représentent le régulateur de vapeur avec sa soupape). On verse de l'eau froide dans la chaudière inférieure A, jusqu'au niveau de la tubulure F, par laquelle la pression de vapeur dans l'appareil à régler se transmet au régulateur, par laquelle aussi s'échappe le trop-plein d'eau de la bâche inférieure.

Afin d'assurer toute sécurité au régulateur, l'inventeur a ménagé à A une chambre d'air qui forme matelas entre la vapeur de pression et la couche d'eau; sous cette pression, l'eau monte par le tube d'ascension B dans la bâche supérieure, soulève à un moment donné le flotteur C, et met en jeu le levier qui ouvre ou ferme la soupape de distribution. Ajoutons que la soupape (fig. 7) est d'une construction toute spéciale; l'ensemble y est ménagé de telle sorte que la pression se fait équilibre à elle-même, dans une certaine proportion.

Ainsi la soupape, qui a, dans les grands appareils. 6 centimètres de diamètre. ou une surface de 28 centimètres carrés, ne

Fig. 8. — Ensemble du régulateur de vapeur tel qu'il est livré aujourd'hui par la maison
D. Savalle fils et Cⁱᵉ.

supporte en réalité que sur 2 centimètres carrès la pression de la vapeur, et peut être facilement soulevée par le flotteur. La pratique de chaque jour prouve que ce mécanisme très simple règle la pression à un centimètre d'eau près *(soit à une précision d'un millième d'atmosphère)*. Les appareils qui en sont munis, au nombre de plus de 730, et qui fonctionnent avec une régularité parfaite, produisent un jet continu et abondant d'alcool, à un titre toujours élevé et sensiblement constant; ils dispensent, pour la conduite des appareils, d'hommes spéciaux, toujours difficiles à rencontrer dans les campagnes.

Comme pièce à l'appui, nous allons faire connaître où et comment a pris naissance le régulateur qui nous occupe, avec les causes des transformations qu'il a subies.

Ce fut en 1846, à la suite d'un grave accident survenu dans son importante distillerie, que M. A. Savalle père sentit la nécessité d'établir des appareils de sûreté pour empêcher le retour d'explosions semblables à celle dont il venait d'être témoin et dont il avait manqué, avec son jeune fils, M. D. Savalle, d'être victime. La cause de l'accident était l'imprudence d'un ouvrier distillateur, qui, contrairement à la recommandation qui lui avait été faite, avait donné trop de vapeur à la chaudière qu'il nettoyait. Le couvercle de cette dernière, maintenu au moyen du joint à pinces, s'était enlevé, et la force de l'explosion avait été si considérable, que le plancher d'un étage supérieur, quoique fortement chargé, s'était soulevé.

Après cet accident, M. A. Savalle fit appliquer aux chaudières de tous ses rectificateurs *des manomètres à air libre, pour indiquer la pression et servir de guide aux distillateurs.* Ces manomètres servirent pendant plusieurs années à indiquer seulement la pression intérieure des chaudières.

Lorsque M. Savalle père organisa sa distillerie à Saint-Denis (Seine), ses manomètres facilitèrent l'éducation à faire des ouvriers distillateurs; car la plupart de ceux qui se présentaient n'étaient au courant que de l'usage de l'appareil Cail, dont on ne se sert plus aujourd'hui.

M. D. Savalle fils débutait alors dans la carrière de distillaleur ; il fut pénétré de la nécessité de l'emploi d'un régulateur de vapeur aux appareils distillatoires et créa ce régulateur qui rend aujourd'hui de si grands services. Cet outil, représenté figure 6, a subi déjà plusieurs transformations, et depuis quelques années, la maison Savalle en a fait un instrument véritablement pratique, à l'abri de tous arrêts par insuffisance de soins ; aussi s'empresse-t-on partout d'adopter ce dernier système.

CHAPITRE SIXIÈME

NOUVELLE ÉPROUVETTE-JAUGE, SYSTÈME UNIQUE

Parmi les récentes innovations de M. Savalle, l'éprouvette-jauge, dont nous allons entretenir le lecteur, est un des accessoires dont l'importance ne lui échappera pas. Elle s'applique non seulement aux appareils de rectification, mais aussi aux colonnes distillatoires en fonte et en cuivre.

Par sa disposition, elle indique d'une manière exacte la quantité d'alcool que, par heure, peut produire l'appareil, si le travail est fait avec régularité, avantage très important pour les chefs d'usine, qui, de cette manière, contrôlent facilement l'ouvrier chargé de cette opération.

Le principe de sa construction est basé sur l'écoulement différentiel des liquides par un orifice donné, soumis à des pressions différentes; cette éprouvette a son importance, car elle ajoute aux appareils, déjà si dociles à conduire, un nouveau perfectionnement qui simplifie encore leur surveillance.

La figure 9 représente cette éprouvette, en voici la légende:

B. — Tuyau des alcools arrivant du réfrigérant.
C. — Tubulure en cuivre, munie d'un robinet de dégustation.
D. — Robinet de dégustation.
E. — Éprouvette en cristal, munie de son tube gradué.
F. — Orifice d'écoulement des alcools.
G. — Réservoir de distribution.
K. — Robinet d'écoulement des alcools mauvais goût, adapté à la partie inférieure du réservoir G.
I. — Robinet des alcools secondaires.
J. — Robinet des alcools de bon goût.

Voici maintenant le fonctionnement de l'éprouvette. L'alcool, arrivant du réfrigérant par le tube B, emplit d'abord la tubulure C, autour du tube gradué F, baigne le petit robinet de dégustation D et monte, pour se déverser graduellement par l'orifice d'écoulement pratiqué en F sur le tube gradué. Cet orifice est fixe et se trouve, une fois pour toutes, réglé à la mise en train de l'appareil. N'ayant qu'une section d'ouverture restreinte, le jet d'alcool ne peut y passer en entier sans qu'une pression l'y oblige.

Le niveau du liquide s'élève alors dans l'éprouvette jusqu'au point où la pression qu'il opère sur l'orifice d'écoulement devient assez forte pour faire débiter à l'orifice le volume d'alcool qui arrive. La nappe du liquide dans l'éprouvette subit ainsi des variations de niveau constatées par une gradation, dont chaque division correspond à un volume différent et indique la quantité de liquide écoulée par heure.

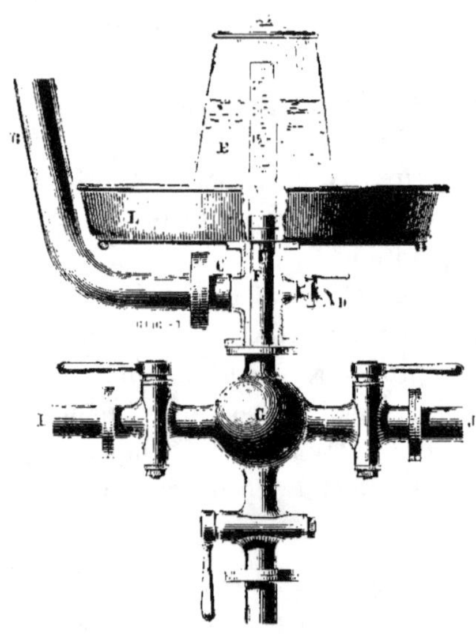

Fig. 9. — Nouvelle éprouvette-jauge, système Savalle.

Les alcools se rendent à l'éprouvette dans un réservoir de distribution G, muni de trois robinets. Le robinet K communique au réservoir qui doit contenir les alcools mauvais goût; le robinet I sert d'écoulement au réservoir des alcools secondaires; le robinet J donne accès aux alcools bon goût. L'on remarquera que ces trois robinets sont disposés de telle sorte que s'il s'échappait la plus petite quantité d'alcool mauvais goût, à la fin d'une opération, elle irait tomber au fond de la boule G, pour se rendre de là par le robinet K au réservoir mauvais goût.

Les perfectionnements apportés au travail par cette éprouvette sont réels.

Un seul point reste à indiquer aux distillateurs et rectificateurs qui voudront eux-mêmes régler leur éprouvette. Ce point est le mode de détermination de l'ouverture qu'il faut donner à l'orifice d'écoulement F, pour chaque appareil différent recevant l'application de cette éprouvette.

L'observation indique que pour un débit de 100 litres à l'heure, en admettant la nappe du liquide dans l'éprouvette à la graduation 15 et que l'écoulement se fasse librement, l'orifice de sortie sur le tube gradué représente 28 millimètres carrés ; on calculera facilement, d'après cette donnée, l'ouverture d'écoulement à fixer pour chacun des appareils auxquels on appliquera l'éprouvette.

Cependant cette proportion ne peut servir que d'approximation, par la difficulté qui existe à établir avec précision des orifices d'une si faible dimension.

Il faut donc établir le trou rond dans le tube F d'une section inférieure à cette proportion ; il faut l'agrandir petit à petit pour arriver à la section voulue, sans la dépasser, car ce serait un travail à recommencer.

L'éprouvette ainsi réglée, on voit immédiatement si l'appareil s'emporte ou ralentit : dans le premier cas, le niveau du liquide montera en débordant par le haut du tube F ; dans le second, la nappe du liquide descendra de un ou plusieurs chiffres de la graduation.

Pour régler l'éprouvette, il faut tenir compte de deux conditions essentielles. La première exige que le réservoir d'eau de condensation soit toujours plein, et son niveau maintenu constant par un tube trop plein qui fonctionne sans interruption, et cela, afin d'avoir une condensation toujours égale.

4

La seconde condition demande que le distillateur ouvre le robinet d'eau de condensation exactement au point requis pour le bon fonctionnement de l'appareil.

Nous ferons observer que les effets produits par l'agrandissement de la section d'écoulement de l'alcool ne sont pas immédiats ; qu'il faut quelques minutes pour en observer le résultat. Par conséquent, il faut agir petit à petit, et rester au moins 20 minutes à chercher le point de régularité demandée, de manière à se rendre compte des effets de chaque agrandissement de l'ouverture d'écoulement ; sans cela on dépasserait le point voulu ; dans ce cas, on se verrait forcé de recommencer le travail en bouchant partiellement l'ouverture d'écoulement pratiquée en F.

Nous ferons encore remarquer que la moindre fluctuation qui a lieu dans l'alimentation de l'eau de condensation s'aperçoit immédiatement ; même quand elle ne dure qu'un instant, l'éprouvette l'indique et permet aussitôt de porter remède à ce dérangement passager.

La maison Savalle a fait construire depuis peu, par un habile fabricant d'instruments de précision, un nouvel alcoomètre dont la tige restreinte s'adapte avec aisance à la nouvelle éprouvette. Les degrés de son échelle commencent à 70° pour finir à 100, et ces degrés sont indiqués de manière à pouvoir les reconnaître très facilement. Ce nouvel alcoomètre est d'une longueur d'environ 14 centimètres, tient peu de place et est moins susceptible de se briser.

CHAPITRE SEPTIÈME

§ I. — Saturation des acides contenus dans les alcools bruts.

Depuis des années, la maison Savalle avait enseigné à ses clients l'emploi d'une certaine dose de *potasse perlasse* dans les flegmes ou alcools bruts avec leur rectification. Ce procédé donnait généralement de bons résultats ; parfois cependant, les résultats étaient négatifs. Après avoir étudié minutieusement ce travail, M. Savalle est arrivé à déterminer *que tous les flegmes ou alcools bruts contiennent, suivant leur provenance, de différentes quantités d'acides, et que non seulement ces proportions d'acides diffèrent avec la provenance, mais encore que, dans une même usine, opérant toujours sur le même produit et fermentant de la même manière, les quantités d'acides contenues dans les flegmes diffèrent d'un jour à l'autre dans de grandes proportions.*

Il en conclut que les doses de *potasse perlasse* à employer pour saturer ces acides doivent varier constamment, et que pour obtenir un bon travail il fallait constater d'abord exactement l'acidité des flegmes pour les saturer à point.

Il a ainsi créé *une nouvelle méthode qui donne d'excellents résultats.*

Voici les résultats intéressants qu'il a obtenus en contrôlant les quantités de perlasse nécessaire à saturer les acides continus dans les alcools de diverses provenances :

Alcool de mélasse à 60 degrés . . . . 43 gr. par hectol.
   — garance à 75 — . . . . 7 — —
   — grains à 53 — . . . . 93 — —
   — raisin marc à 86 — . . . . 20 — —
   — fécule de pommes de terre à 50 degrés . . . . 85 — —
   — maïs à 60 degrés . . . . 75 — —

Alcool de betteraves à 50 degrés. . . . . 18 gr. par hectol.
    — genièvre de Schiedam 85   —   —
    — eau-de-vie de cidre . . . . 135 — —
    — 3/6 Montpellier (non rectifié) à 86 degrés. . . 41 — —
    — lichen de Norwège. . . . . 22 — —
    — eau-de-vie de la Rochelle. . . . . 56 — —

Ces résultats prouvent que *tous les alcools non rectifiés, de quelque provenance qu'ils soient,* sont plus ou moins chargés d'acides.

La *potasse perlasse* est le saturant qu'il emploie de préférence; on peut cependant le remplacer par d'autres produits, tels que le carbonate de chaux, le blanc d'Espagne bien lavé, la soude, etc. L'essentiel est toujours de n'en additionner aux flegmes que la quantité nécessaire à la saturation exacte des acides qu'ils contiennent.

On a objecté que cette saturation des alcools bruts constituait une dépense; c'est vrai, mais elle est largement payée par la qualité supérieure de l'alcool obtenu et par la différence de dépense de combustible qui résulte d'une production moins grande d'alcools inférieurs à retravailler.

§ II. — Production d'alcools bruts sans acides.

On nous apprend que M. Désiré Savalle a en ce moment à l'étude un appareil distillatoire qui produirait des alcools bruts sans acide. Ce serait un très grand progrès, car l'on opérerait ainsi sur un alcool neutre, ni alcalin, ni acide. La rectification serait considérablement favorisée, et les produits sérieusement améliorés.

Le succès obtenu par les précédentes créations et innovations de M. Savalle nous fait bien augurer de celle qui est en perspective.

CHAPITRE HUITIÈME

PURIFICATION PRÉALABLE DES ALCOOLS

La méthode la plus ancienne de purification de l'alcool est celle qui consiste à le filtrer sur des charbons de bois; elle se pratiquait d'abord en Suède, puis en Allemagne. Les Suédois la pratiquent encore d'une manière très primitive; ils emploient tout simplement des fûts en bois munis d'un double fond perforé. Ces filtres en bois se chargent d'une couche de charbon d'environ un mètre; ils contiennent ainsi 150 kilos de charbon pulvérisé. Un filtre de ce genre sert à filtrer par 24 heures 65 litres d'alcool à 50 degrés; on peut ainsi passer sur un filtre jusqu'à 2,000 litres d'alcool à 100 degrés.

Mais outre le nombre considérable de fûts en bois que nécessiterait l'application de cette méthode en grand, outre la main-d'œuvre qu'elle exigerait, il se produit une grande déperdition d'alcool; c'est pourquoi on y a renoncé et qu'aujourd'hui, dans les grandes usines de rectification, on a remplacé cette installation primitive et défectueuse par des batteries de filtration en tôle solidement établies, disposées suivant les vues en élévation et en plan données ici, figure 10 et figure 11.

Cette installation n'indique ici que huit cylindres de filtration; le nombre et les dimensions de ceux-ci varient nécessairement avec l'importance du travail à effectuer, et il est essentiel de bien établir cette proportion, sans laquelle on n'obtient aucun résultat.

Ces batteries de filtration exigent, pour leur construction et pour leur mise en train convenable, la connaissance d'une foule de détails desquels dépend la réussite du procédé.

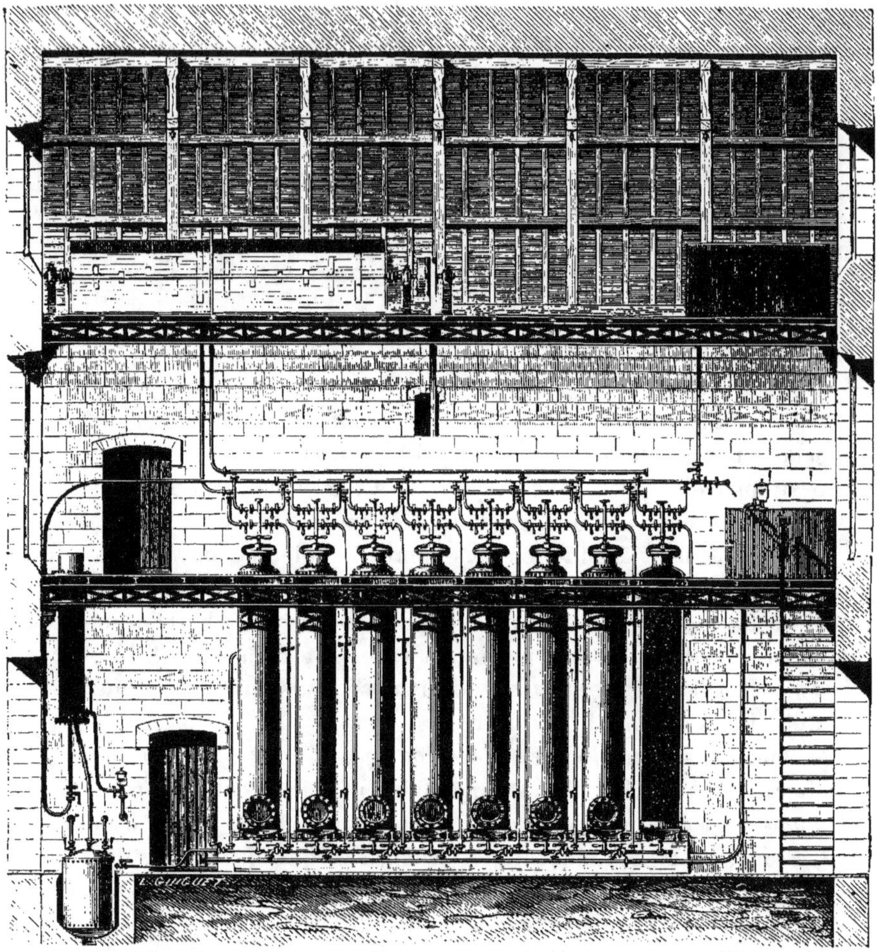

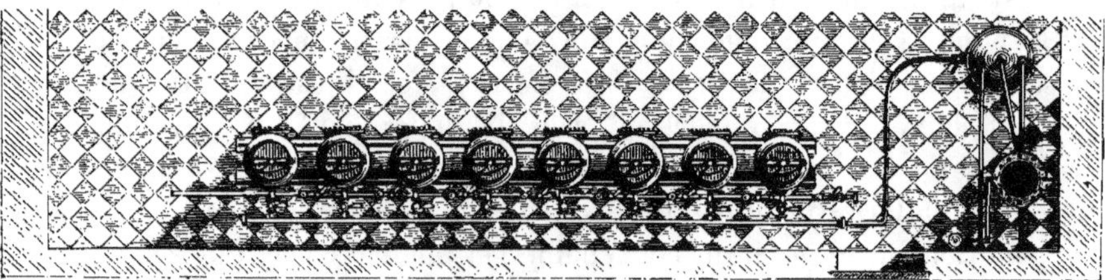

Fig. 10. — Vue en élévation d'une batterie de filtration des alcools bruts installée par la maison D. Savalle fils et Cᵢᵉ.

Fig. 11. — Vue en plan de la batterie de filtration.

Nous en citerons quelques-uns seulement.

Pour que le charbon servant au filtrage puisse rendre les services qu'on en attend, c'est-à-dire qu'il absorbe les produits étrangers contenus dans l'alcool et afin qu'il puisse, en outre, filtrer la plus grande quantité possible, on doit employer une eau pure, les impuretés soit organiques, soit minérales absorbant une partie considérable de la force du charbon, qui les attire peut-être encore plus énergiquement que l'huile essentielle; en conséquence, dans la filtration en grand, l'on doit attacher la plus grande importance à la pureté de l'eau, afin de ne pas rendre tout le travail illusoire.

Le charbon de bois employé au filtrage provient du hêtre, du bouleau ou du sapin; les deux premières espèces sont fournies par la distillation de l'esprit-de-bois, dans laquelle les bois sont soumis à la distillation à sec dans des cornues en fer ; la dernière espèce est du charbon calciné par la méthode ordinaire.

De quelque manière que le charbon de bois ait été calciné, il ne peut jamais être employé à l'état brut; et pour qu'il puisse répondre au but que l'on se propose, il doit avoir les qualités suivantes :

1. Être calciné complètement; donc il n'y doit pas rester de bois à moitié calciné, et il doit être exempt de toute substance empyreumatique, qu'on rencontre en quantité plus ou moins grande dans tout charbon de bois brut.

2. Il doit être pulvérisé à un certain degré.

Afin de donner ces qualités au charbon de bois, il est soumis, au préalable, à une calcination complète, soit en perches dans des fours maçonnés, soit en morceaux de la grandeur d'une noix dans des cylindres en terre réfractaire, qui ont d'ordinaire une ouverture de 18 à 20 centimètres et une longueur de 2 à 3 mètres et dont 10 à 20 sont posés verticalement dans un four. Le charbon est maintenu à l'état ardent jusqu'à ce que la flamme bleu-clair disparaisse, et qu'il ne reste plus que la flamme bleuâtre de l'oxyde de carbonne. Il est considéré comme propre au filtrage, dès que la flamme éclairant de jaune a disparu. Le charbon est versé ensuite dans des caissons dont les couvercles sont bien fermés au moyen d'argile, et on l'y laisse se refroidir.

Les fours à calciner avec cylindres en fer qui servent à revivifier le charbon sont insuffisants pour donner au charbon brut les qualités préindiquées, attendu que les cylindres fondraient à la température nécessaire à la calcination.

La perte de volume et de poids sur le charbon de bois diffère selon l'essence du bois et selon qu'il est fraîchement carbonisé ou qu'il a été exposé pendant quelque temps à l'air et à l'humidité.

La perte de bois est d'autant plus grande que le charbon a été longtemps exposé à l'humidité, attendu qu'il absorbe avidement l'air et l'humidité atmosphériques.

Pour le charbon de bois de hêtre et de bouleau, la perte de volume varie entre 15 et 20 0/0, la perte de poids varie entre 15 et 35 0/0.

Le charbon de bois de sapin a une perte de volume de 25 à 50 0/0 et à peu près la même perte en poids.

Le charbon est pulvérisé dans des moulins à double paire de cylindres, dont la partie supérieure est destinée à le briser, tandis que la paire inférieure le pulvérise au degré voulu.

En employant du charbon convenablement préparé, on peut, avec 100 kilos, filtrer 2,000 à 2,400 litres d'alcool à 100°; il va de soi que cela dépend de la qualité de l'alcool sur lequel on opère.

CHAPITRE NEUVIÈME

DIAPHANOMÈTRE

§ 1. — Instrument pour déterminer la valeur des alcools.

Pour déterminer le degré de pureté de l'alcool, c'est-à-dire sa qualité, objet essentiel à connaître, on n'avait jusqu'ici d'autre méthode que le dédoublement avec de l'eau et l'appréciation dégustative, fournissant, par tâtonnements, des termes de comparaison approximatifs, soumis à l'erreur, à la critique et n'ayant aucune sanction scientifique. En effet, le goût et l'odorat ne sont pas développés au même point chez tous les individus, et l'on comprend facilement les divergences d'opinion au sujet d'un examen assis sur une base aussi fragile.

M. Désiré Savalle a comblé cette lacune en trouvant le moyen de doser mathématiquement le degré de pureté de l'alcool, au moyen d'une méthode rationnelle et par un réactif chimique qui décèle les impuretés ; de plus, il a composé un nécessaire d'un usage commode et prompt, destiné à rendre des services continus à l'industrie, au commerce et à l'hygiène publique. M. Savalle a appelé son appareil *Diaphanomètre*, expression qui indique clairement le mode d'exécution adopté et le but atteint. En effet, c'est par le degré de transparence : la *diaphanéité*, conservée par l'alcool soumis à l'action du réactif, qui dénonce, en les colorant, les plus petites parties d'impuretés non éliminées par la fabrication, qu'il indique sans hésiter la qualité du produit.

A l'aide du procédé que nous allons décrire, il n'y a plus de surprises ni de discussions sur le degré de pureté de l'alcool. Le producteur titre son produit et le vend en conséquence. L'acheteur, de son côté, vérifie la valeur de ce qu'on lui fournit, et refuse les alcools impurs qui ne conviennent pas aux préparations délicates. Enfin, la consommation n'a plus à redouter les graves inconvénients résultant de l'assimilation dangereuse de produits impurs, car le raffinage des alcools deviendra forcément de plus en plus parfait, le fabricant devant désormais extraire complètement les éthers et les huiles essentielles, qui sont des poisons pour l'organisme.

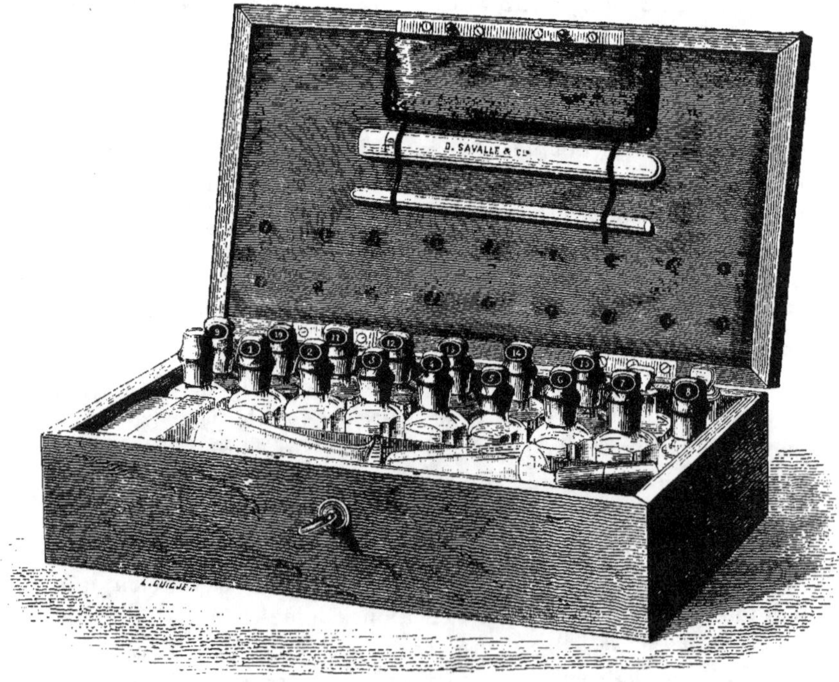

Fig. 12. — Ensemble du Diaphanomètre.

L'opération est très simple, à la portée de chacun. Le nécessaire diaphanométrique est renfermé dans une boîte en chêne.

Il se compose d'une série de types, au nombre de dix, qui sont établis avec la plus grande précision. Ces types servent

Fig. 13. — Opération par la chaleur.

d'étalons pour la comparaison à faire avec le produit soumis à l'essai.

Les numéros de 1 à 10 forment une gamme de teintes progressivement colorées, qui décèlent, par des nuances de plus en plus foncées, la quantité des impuretés. Pour atteindre ce but, ces types sont chargés eux-mêmes de $\frac{1}{10\,000}$ à $\frac{10}{10.000}$ d'impuretés; de plus, ils sont mélangés au réactif chimique, qui a la propriété de teindre l'alcool selon la quantité de souillures qu'il contient.

Ces dix flacons sont cachetés et ne doivent jamais être débouchés. Ils constituent une échelle ascendante de couleurs qui forment la base des termes de comparaison à faire.

On opère comme il suit pour l'alcool à essayer. Au moyen du tube gradué A, on mesure dix centimètres cubes de l'alcool à vérifier et on les verse dans un matras B. On y ajoute une quantité égale du réactif qui se trouve dans un flacon spécial ; puis on chauffe le mélange sur la flamme d'une lampe à alcool,

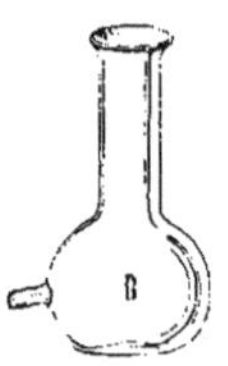 en ayant soint de l'agiter constamment. Une minute suffit à porter le liquide à l'ébullition ; aussitôt le premier bouillon jeté, on arrête le chauffage, puis on verse le tout dans une des bouteilles vides qui se trouvent dans le nécessaire, afin de pouvoir faire la comparaison de la nuance produite avec celle de l'un des types ; celui qui donne l'intensité de la couleur du mélange obtenu indiquera le degré d'impureté.

Il est inutile d'insister davantage sur le service rendu par le diaphanomètre à la santé publique, qu'il faut sans cesse préserver des produits défectueux. Mais il est bon d'appeler l'attention des fabricants et des négociants sur la propagation d'une méthode dont l'application entraînera certainement à fixer le prix de l'alcool d'après le degré de pureté réelle constaté à l'aide de la méthode diaphanométrique.

Voici, à cet effet, un tableau qui présente comparativement le degré de pureté et le prix, en majoration ou en déduction sur les cours de la Bourse.

Valeurs des alcools.

Le type n° 0,	alcool parfaitement incolore à l'épreuve,	20 fr. au-dessus du cours
1,	légèrement teinté	»	15	»
2,	plus	»	»	10	»
3,	encore plus »	»	5	»
4,	Type déposé à la Bourse pour fixer la qualité passant en livraison
5,	alcool. . . . . à	3 fr. au-dessous du cours.
6,	» . . . . à	6	»
7,	» . . . . à	9	»
8,	. . . . à	12	»

M. Savalle a, dans ces derniers temps, perfectionné le diaphanomètre, en remplaçant les flacons servant de types par des lames en verre établies avec une très grande précision. — La diaphanéité de chacune de ces lames correspond à celle des types remplacés, et sert à établir le point de comparaison.

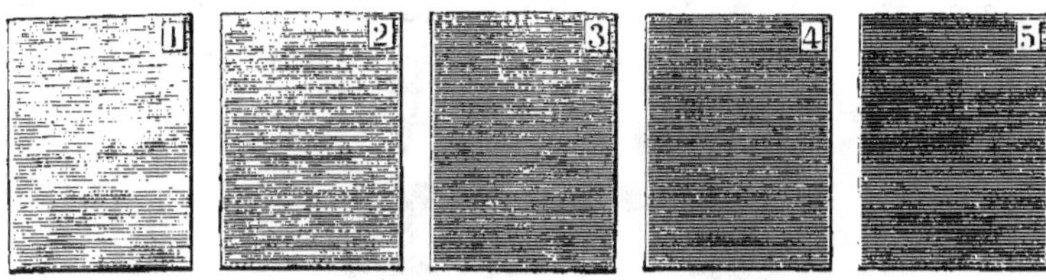

Fig. 14. — Types nouveaux du diaphanomètre.

Le diaphanomètre s'applique aux alcools du Midi comme à ceux du Nord; il sert encore à connaître le degré de pureté des eaux-de-vie.

En effet, si l'alcool de vin du Midi, sans mélange d'alcool d'industrie, contient $\frac{40}{10.000}$ d'éther et d'huile œnanthique, c'est-à-dire d'essence de vin, il est exempt de mélange d'alcool d'industrie. Mais si l'alcool de vin se trouve additionné de moitié d'alcool d'industrie, qui titre $\frac{2}{10.000}$ d'impuretés, le mélange n'indiquera plus que $\frac{21}{10.000}$ au lieu de $\frac{40}{10.000}$. Si le même produit est additionné des deux tiers d'alcool industriel, il n'indiquera plus que $\frac{45}{10.000}$ d'essence de vin. Dans ce cas, il y a, outre la densité de couleur obtenue par le réactif une autre indication précieuse : les essences de vin mélangées au réactif, produisent une teinte bien définie, toute différente de celle obtenue par l'alcool d'industrie impur.

Il en est de même pour les eaux-de-vie, dont chaque espèce contient assez régulièrement la même quantité d'essence œnanthique. Ce titre varie avec le mode de distillation employé; mais comme les méthodes distillatoires et le degré du produit sont les mêmes pour chaque espèce d'eau-de-vie, il en résulte que les espèces varient peu comme dosage aromatique.

Lorsqu'on opère sur l'alcool de vin qui contient environ $\frac{40}{10.000}$ d'essences, il faut mélanger cet alcool par quart dans de l'alcool d'industrie, qui note blanc à l'essai diaphanométrique, et opérer sur ce mélange. On multipliera alors par quatre le nombre de degrés d'essence indiqués par l'opération.

Pour agir sur des eaux-de-vie, il faudra d'abord en distiller une partie et opérer cette distillation d'une façon complète, c'est-à-dire ne rien laisser dans la chaudière de l'alambic après la distillation; et pour de l'eau-de-vie à 50 degrés, le coefficient d'essences obtenue sera à multiplier par deux.

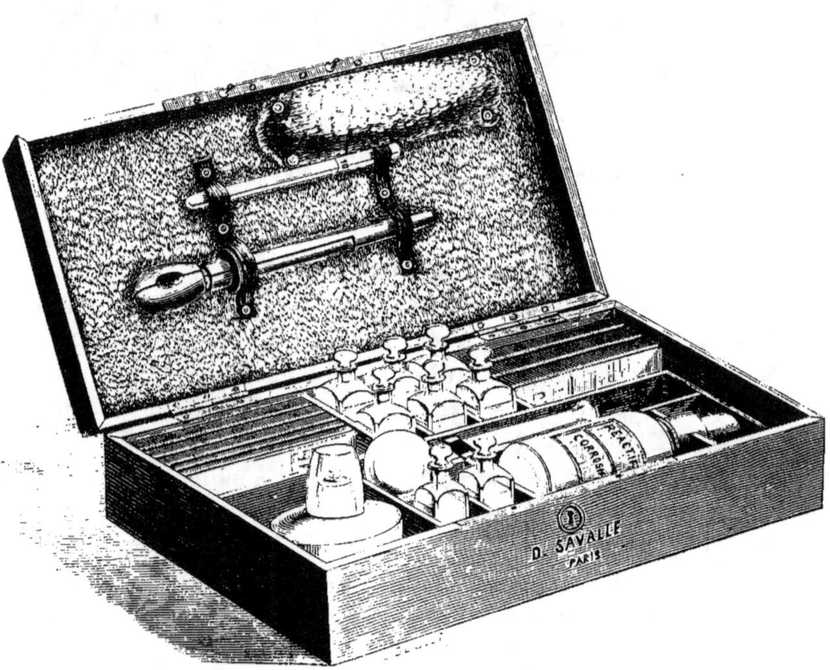

Fig. 15. — Nouveau diaphanomètre avec types en lames de verre.

La boîte contient les types, le réactif, les flacons, les appareils et les instructions indispensables pour les essais; elle ferme à clé.

Le réactif est corrosif, et il y aurait danger de le porter à la bouche.

Le nécessaire ainsi composé est transportable à la main et peut servir dans tous les pays.

Il coûte 150 francs chez MM. D. Savalle fils et Cie, avenue du Bois-de-Boulogne, 64, à Paris.

§ II. — **Alcools bruts soumis au diaphanomètre.**

PROVENANCE	DEGRÉ RÉEL DE L'ALCOOL BRUT SOUMIS A L'ÉPREUVE	IMPURETÉS INDIQUÉES AU DIAPHANOMÈTRE		TEINTE OBTENUE PAR LE DIAPHANOMÈTRE
		POUR LE DEGRÉ DE L'ALCOOL CI-CONTRE	LITRES D'IMPURETÉS SUR 1,000 LITRES D'ALCOOL RAMENÉS A 100 DEGRÉS	
Alcool de maïs obtenu par les acides à Aubervilliers.	85°	10	1 litre, 176	Brune-orange.
Alcool de grains de Schiedam.	46°	6	1 litre, 305	Rosée.
Alcool de mélasses provenant de Soustick, Russie.	50°	6	1 litre, 200	Jaune, teinte des types.
Alcool de pommes de terre de Reimersholm, près Stockholm, passé aux filtres à charbons de bois.	46°	6	1 litre, 305	Jaune, teinte des types.
Le même alcool que le précédent, mais auquel on a ajouté des huiles essentielles.	46°	8	1 litre, 739	Teinte orange foncée.
Flegmes de grains provenant de l'usine de Maisons-Alfort.	40°	3	0 litre, 750	Jaune, teinte des types.
Flegmes de mélasses de betteraves de l'usine d'Aubervilliers.	60°	8	1 litre, 733	Jaune, teinte des types.

CHAPITRE DIXIÈME

OPINIONS ÉMISES SUR LES APPAREILS SAVALLE

PAR LES FABRICANTS

ET LES TECHNICIENS FRANÇAIS ET ÉTRANGERS

Afin de compléter notre étude des appareils Savalle, nous croyons devoir reproduire les opinions émises par les fabricants et les techniciens français et étrangers qui, par leurs travaux, ont été amenés à faire des études comparatives et à porter un jugement.

Voici ce que dit M. le D⟨r⟩ Joseph Bersch dans son magistral ouvrage *Gaehrungs-Chemie für Praktiker* (Chimie de la fermentation pour les praticiens), 4ᵉ partie. Fabrication des alcools et de la levûre :

Page 311. — Savalle a donné aux appareils de distillation une construction tellement perfectionnée que les appareils construits d'après son système ont supplanté presque tous les appareils d'autres systèmes dans les distilleries et les établissements de rectification des alcools.

Une des améliorations les plus importantes que Savalle a apportées aux appareils de distillation consiste en ce que la vapeur, servant à échauffer les moûts, ne passe pas dans le liquide même, mais circule dans des tuyaux. L'avantage que l'on obtient par là consiste en ce que la vinasse n'est pas diluée par l'eau qui se forme par suite de la condensation de la vapeur, chose qui, on le comprend, a d'autant plus d'importance lorsqu'on a à distiller des moûts liquides.

. . . .

Page 320. — Un des appareils Savalle les plus récents est

celui dans lequel la condensation des vapeurs d'alcool s'effectue au moyen d'un ventilateur par un courant d'air ; on économise, en appliquant cette construction, une partie de la force nécessaire à élever l'eau de condensation et les réfrigérants se conservent complètement, en ce qu'il ne s'y dépose pas d'incrustation et qu'on évite complètement le nettoyage des tubes de réfrigération, opération pénible et qui occasionne toujours une forte usure. Cette construction amènerait aussi une économie très considérable de combustible : tandis qu'avec les anciens appareils Savalle il fallait en moyenne pour un hectolitre d'alcool 273 kilogrammes de vapeur, on ne consommerait que 131 kilogrammes de vapeur avec le nouvel appareil.

. . . .

Page 325. — L'appareil de rectification Savalle le plus récent est disposé de telle sorte qu'on peut y employer également la vapeur qui a déjà servi au travail dans la machine à vapeur, de façon qu'on fait par là une très grande économie de combustible. Tandis que dans les anciens appareils de rectification à colonne ronde, on consomme en moyenne 591 kilogrammes de charbon pour un hectolitre d'alcool à haut degré, il n'en faut avec le nouvel appareil que 225 kilogrammes, et à cette économie correspond une diminution proportionnelle d'eau de condensation.

Voici ce qu'écrit M. de Lima Mayer sur la marche de ses appareils.

M. de Lima Mayer est un grand industriel qui possède des distilleries à Lisbonne et aux Açores ; il a beaucoup étudié, il a parcouru l'Allemagne, l'Autriche et la France, pour se rendre compte des meilleurs procédés de distillation qu'il a appliqués dans ses usines :

« Saint-Miguel (Açores), 1er décembre 1882.

» Messieurs D. Savalle fils et Cie, à Paris,

» M. Lavergne, porteur de ces lignes, vient de terminer ses » travaux dans ma fabrique à ma plus complète satisfaction.

» Il a dirigé le montage de votre appareil d'une manière
» extrêmement intelligente et précise. Il a conduit lui-même
» plusieurs rectifications, et je suis chaque jour plus convaincu
» que le rectificateur de votre nouveau système représente la
» dernière perfection désirable, non seulement au point de vue
» de la qualité d'alcool *extra* que l'on peut obtenir, mais aussi
» par la considérable économie de combustible. C'est vraiment
» une merveille que de voir ce géant marcher presque tout seul,
» avec l'échappement de la machine, en tenant son régulateur
» presque immobile. M. Lavergne part ce soir pour Lisbonne,
» et convaincu que je suis de sa grande compétence, je le charge
» de monter mon Kruger et d'introduire certaines modifica-
» tions nécessaires dans l'appareil à rectifier de notre usine de
» Lisbonne.

» Je vous prie d'agréer mes salutations les plus distinguées.

» Signé : Dr CHARLES DE LIMA MAYER. »

Nous donnerons enfin une lettre d'un grand distillateur du
Nord, M. Charles Droulers-Prouvost, à Roubaix:

« Roubaix, le 19 octobre 1882.

» Messieurs Savalle fils et Cie, à Paris.

» J'ai l'honneur de vous transmettre les renseignements que
» vous me demandez :

» L'an dernier, je dépensais avec mon rectificateur de votre
» ancien système, 318 kilog. vapeur par 100 litres alcool arrivés
» à l'éprouvette. — Depuis l'installation du nouveau rectificateur
» rectangulaire, la dépense par 100 litres alcool arrivés à l'éprou-
» vette ne dépasse pas 30 kilog. Cette économie est obtenue par
» les deux éléments du nouveau système de rectification qui sont:

» 1° La colonne à rectifications méthodiques ;

» 2° L'emploi de la vapeur d'échappement de la machine au
» chauffage de l'appareil.

» Il convient d'ajouter que la machine demande un peu plus de
» vapeur pour envoyer l'échappement dans la colonne plutôt que
» dans un condenseur à eau ; mais il en résulte toujours une large
» économie de combustible par l'emploi de votre nouveau recti-
» ficateur dont la marche est irréprochable et qui donne des
» alcools neutres d'une qualité bien supérieure à celle des alcools
» produits par votre rectificateur à colonne ronde.

» Recevez, Messieurs, mes cordiales salutations.

» *(Signé)* DROULERS-PROUVOST. »

TABLE DES MATIÈRES

TABLE DES GRAVURES

IMPRIMERIE CENTRALE DES CHEMINS DE FER. — IMPRIMERIE CHAIX. — RUE BERGÈRE, 20, PARIS. — 2062-2-8.